Mitarbeiter in Ausnahmesituationen –
Trauer, Pflege, Krise

Zusatzmaterial zum Download

ARBEITSMATERIAL FÜR DIE PRAXIS
SIE ERHALTEN ALLE IM BUCH EINGESETZTEN MATERIALEN (ÜBUNGEN, CHECKLISTEN ETC.) GLEICH MIT DAZU.

1. Gehen Sie in den Bonusbereich zum Buch unter www.campus.de/trauer-pflege-krise.
2. Geben Sie das Passwort »Trauer-Pflege-Krise-Notfallset« ein und laden Sie sich das PDF herunter.

Thomas Achenbach ist Redakteur, Blogger und zertifizierter Trauerbegleiter nach den Standards des Bundesverbands Trauerbegleitung, in dem er auch Mitglied ist. Als Trauerbegleiter ist er spezialisiert auf die Themen Männertrauer und Trauer im Arbeitsleben, *www.thomasachenbach.de.*

THOMAS ACHENBACH

MITARBEITER IN AUSNAHMESITUATIONEN

TRAUER, PFLEGE, KRISE

Ein Leitfaden für Führungskräfte, Personalverantwortliche und Betriebsräte

Campus Verlag
Frankfurt/New York

ISBN 978-3-593-51193-1 Print
ISBN E-Book 978-3-593-44374-4 (PDF)
ISBN E-Book 978-3-593-44373-7 (EPUB)

Umschlaggestaltung: Guido Klütsch, Köln
Umschlagmotiv: © Shutterstock: KieferPix
Satz: Fotosatz L. Huhn, Linsengericht
Gesetzt aus: Minion und Bunday Sans
Druck und Bindung: Beltz Grafische Betriebe GmbH, Bad Langensalza
Printed in Germany

www.campus.de

INHALT

Teil 2

Best-Practice-Beispiele, gute Ideen und Vorbilder

Teil3

Rechtliche Grundlagen

Anhang

Checklisten und Materialien

EINLEITUNG

Prallen bei einem Angestellten eine Grenzsituation des Lebens und die Arbeitswelt aufeinander, ist die Führungskompetenz des Vorgesetzten, des Personalverantwortlichen und auch der Betriebsräte im Unternehmen besonders gefragt. Gut ausgestattet mit Wissen über die Bedürfnisse des betroffenen Kollegen sowie über die Pflichten und Unterstützungsmöglichkeiten des Unternehmens, einem hohen Maß an Einfühlungsvermögen, Organisationswillen und vor allem Menschlichkeit, können die Beteiligten entscheidend dazu beitragen, dass der Angestellte die Lebenskrise gut übersteht. Und sie können Schaden von dem Unternehmen abwenden, der infolge der Krise auftreten kann. Darum habe ich dieses Buch geschrieben.

Mitten in die intensivste Schreibphase platzte der Suizid eines langjährigen und von mir sowie vielen anderen sehr geschätzten Kollegen. Er war ein Mann der Marke »Feiner Kerl«, zum einen ganz und gar mit seiner Tätigkeit identifiziert, zum anderen immer authentisch und durchaus mit einer gewissen Selbstironie ausgestattet. Ein Mann, den wir immer als integer, bodenständig und bei aller Zielorientierung und Unternehmensloyalität als sehr menschlich erlebt haben. Einer der wenigen, die diese Vereinbarkeit vorbildlich gelebt haben. Einer, den irgendwie alle mochten.

Plötzlich erlebte ich mich selbst als stark betroffen, bis in meine Tiefen erschüttert von diesem Ereignis, mit meiner eigenen Ohnmacht und Sprachlosigkeit konfrontiert. Und zugleich stand ich als Trauerbegleiter und Buchautor weiterhin Menschen in solchen Situationen zur Seite. Dies ist ein Zwiespalt, in dem wir als Begleiter besonders aufmerksam sein müssen, ob wir unserer Tätigkeit gerecht werden können. Und diesen Zwiespalt erleben Sie – je nach persönlicher Betroffenheit mehr oder weniger ausgeprägt – als Führungskraft, Teamleiter oder als Mitglied des Betriebsrats, wenn ein Angestellter des Unternehmens mit einer Grenzsituation des Lebens konfrontiert wird.

Es war tröstend, erleben zu dürfen, wie vorbildlich das Unternehmen, in dem er zuletzt beschäftigt war, reagierte. Die von der Firma geschaltete Traueranzeige war in einem sehr freundschaftlichen und menschlichen Tonfall gehalten. Für die Kollegen vor Ort, von denen ein Teil seine Schockstarre nur schwer abschütteln konnte, war schon psychosoziale Unterstützung organisiert, bevor ich mich überhaupt anbieten konnte. Und es gab einen Erinnerungsgottesdienst, bei dessen Gestaltung langjährige Kollegen mitwirken konnten.

Alles war durchweg vorbildlich. Zwar sind die Nachwirkungen noch immer spürbar, zwar gibt es immer noch Kollegen, die ihre Fassungslosigkeit über das Geschehen kaum in Worten ausdrücken können und wie gelähmt erscheinen. Und doch haben die Personalverantwortlichen hier genau richtig reagiert: mit Menschlichkeit und Zugewandtheit. Und mit dem Mut, sich selbst als betroffen und verletzlich zu zeigen. Also mit einer mit reichlich Lebenskompetenz unterfütterten Führungskompetenz.

Eine derart positiv ausgeprägte Trauerkultur, einen solchen souveränen Umgang mit Mitarbeitern in Krisensituationen erlebe ich selten. Das Thema Trauer und Krise am Arbeitsplatz hat keineswegs selbstverständlich einen festen Platz in Unternehmen. Auch gute Lösungen und Strategien für Mitarbeiter, die in eine Pflegesituation geraten, sind noch nicht allgemeiner Konsens oder gar Standard, obwohl dieses Thema allen voran immer drückender wird.

Das wird sich vermutlich bald ändern. Alle Statistiken sprechen dafür und die ersten Tendenzen werden bereits sichtbar. Noch sind es zarte Pflänzchen, die hier und da blühen, meistens eher unbemerkt. Doch allein schon die Erfahrungen der vergangenen etwa zehn Jahre lassen erahnen, dass hier eine Veränderung eingesetzt hat.

Ich erinnere mich noch genau an den ersten Mitarbeiter unseres Unternehmens, der es wagte, als Mann zwei Monate lang in die Elternzeit zu gehen. In den ausklingenden 2000er-Jahren war das beinahe schon eine Provokation. Auf jeden Fall war es eine Pioniertat, etwas, das es vorher noch nie gegeben hatte.

Der Chef, so hörte man im Flurfunk, sei alles andere als amüsiert gewesen. Und schlimmer noch: Er habe im Gespräch die Frage in den Raum gestellt, ob so etwas nicht schädlich für die Karriere sein könnte. Wir anderen Mitarbeiter, die wir überwiegend gerade mit ganz anderen Themen als Familienplanung beschäftigt waren, vernahmen das alles mit einer Mischung aus Faszination und Unverständnis. Einerseits fanden wir es alle prima, dass da jemand dem Chef die Stirn bot und moderne Möglichkeiten für sich in Anspruch nahm. Andererseits wussten wir so wenig über das, was da vorging. Was war das überhaupt, diese Elternzeit für Männer? Warum war es auf einmal möglich, warum hatte es das vorher nicht gegeben? Natürlich war uns nicht entgangen, dass das Thema Vereinbarkeit von Familien- und Arbeitsleben irgendwie im Trend lag. Meistens durch eine in den Nachrichten auftauchende Meldung. Aber konkrete Details dazu kannten wir nicht.

Dass jetzt einer unserer Kollegen in unserem Unternehmen so etwas ganz Neues wagte, das fanden wir schlichtweg großartig. Wenn das möglich war, musste wohl doch etwas im Umbruch sein. Womöglich etwas Größeres als gedacht. Das war bereits spürbar. Auch wenn unklar war, ob es nicht bald wieder abgeschafft werden würde – von einer Führung, die von traditionellen männlichen Sichtweisen geprägt war und Männer in ihrer Karriere behindern würde, die die Elternzeit wagten.

Das alles ist jetzt bereits rund 12 Jahre her. Heute ist der besagte Kollege – anders als der damalige Chef – immer noch in unserem Unternehmen tätig, inzwischen sogar selbst in einer leitenden Position. Er hat in der Zwischenzeit noch ein zweites Kind bekommen und ist abermals zwei Monate in Elternzeit gegangen. Da war das allerdings schon weniger spektakulär und nicht mehr ganz so neu. Heute ist es Standard.

So gibt es tatsächlich eine Menge von Entwicklungen in der Arbeitswelt, von denen wir noch vor wenigen Jahren niemals gedacht hätten, dass sie einen solchen Verlauf nehmen würden.

Im vergangenen Jahr beklagte der Geschäftsführer eines IT-Unternehmens aus unserer Region im persönlichen Gespräch, dass ihm gleich mehrere Kandidaten für die Besetzung einer leitenden Stelle kurzfristig abgesprungen seien. Und das, obwohl die Firma recht großzügig auf fast alle der von den Bewerbern genannten Bedingungen eingegangen war. Verhandelt wurden zum Beispiel drei Tage pro Woche Homeoffice und total flexible Arbeitszeiten, die sich vor allem an die Bedürfnisse des Familienvaters anpassen sollten. Ein Kandidat wünschte eine 35-Stunden-Woche bei zusätzlicher Bezahlung von Sport- und

Fitnessangeboten, die möglichst ebenfalls in der Arbeitszeit stattfinden sollten; dass das betreffende IT-Unternehmen keinen eigenen Fitnessraum bereitstellen konnte, war für diesen Kandidaten schon ein Ausschlusskriterium. Die Firma war weitgehend auf alle Wünsche eingegangen – aber sie war eben nicht der einzige potenzielle Arbeitsgeber. Und weil es andere gab, in größeren Städten, die dazu noch besser bezahlten, waren die Kandidaten allesamt abgesprungen.

Ein massives Entgegenkommen bei allen Bedürfnissen und Anforderungen, die ein Bewerber äußert, ist heute fast schon üblich. Bei vielen Unternehmen sogar schon, wenn es um die Anstellung von Auszubildenden geht.

Das verhält sich beim Umgang mit den Themen Tod und Pflege noch nicht so. Doch alle Experten sind sich einig darüber, dass diese Themen die Unternehmen künftig immer intensiver beschäftigen werden.

»Unternehmen zu führen heißt heute: Bewusstsein zu führen«, sagt der dm-Gründer Götz Werner in dem Film *Die stille Revolution*. Der Film stellt die viel zitierte Unternehmensphilosophie der Upstalsboom-Hotelkette in den Mittelpunkt und unterstreicht die These: Moderne Mitarbeiterbindung sollten wir heute definieren als die Frage »Was tut eigentlich meinen Mitarbeitern gut?«, wie es Hotel-Chef Bodo Janssen in dem Film ausdrückt.[1]

Das Bewusstsein der Unternehmenszugehörigen auch für die Themen Tod und Vergänglichkeit offenzuhalten ist die Kunst, um die es in diesem Buch gehen wird. Die Notwendigkeit dafür belegen allein schon Zahlen des Statistischen Bundesamtes, aber auch die allgemeine Entwicklung zeigt eindeutig, wo die Reise hingeht. Die Zahl der Pflegebedürftigen, die von Menschen im erwerbsfähigen Alter – die dann vermutlich selbst schon auf eine fortgeschrittene Berufskarriere zurückblicken können – gepflegt werden wollen und müssen, hat mit der erhöhten Lebenserwartung deutlich zugenommen und steigt weiterhin an. 2017 gab es bereits 3,4 Millionen pflegebedürftige Menschen in Deutschland, ab 2030 erreichen die Babyboomer-Jahrgänge die Altersgruppen mit höherem Pflegebedarf.[2] Somit wird das Thema »Mitarbeiter in Pflege« in den kommenden Jahren zu einem der wichtigsten Themen in der Unternehmensführung werden. Denn die meisten pflegebedürftigen Menschen werden daheim gepflegt und deshalb wird auch die Zahl der pflegenden Angehörigen stark zunehmen.

Die Politik hat das inzwischen erkannt und ein paar erste zögerliche Gegenmaßnahmen getroffen, die aber bislang noch nicht den tatsächlichen Bedürfnissen entsprechen (mehr dazu im Teil 3, Rechtliche Grundlagen). Darin liegt eine Gefahr, zum einen für die betroffenen Personen, aber ebenso für die Unternehmen und die Wirtschaft. Denn wenn wir als Gesellschaft keine guten Modelle finden, wie private Pflege und Berufstätigkeit vereinbart werden können, werden diese pflegenden Angehörigen dem Arbeitsmarkt nicht oder nur teilweise und sehr eingeschränkt zur Verfügung stehen.

Erschwerend kommt hinzu, dass die gesamte Pflegebranche derzeit ein großes Imageproblem hat. Jahrelang haben Themen wie die niedrige Bezahlung der Pflegekräfte, der personelle Notstand und die allgemeine Überforderung in Krankenhäusern, Altenheimen und allen sonstigen Pflegeeinrichtungen oder sogar Gewalt in der Pflege die allgemeine Debatte beherrscht. Wenn heute jemand einen Angehörigen in einer Pflegesituation betreuen lassen möchte, braucht es großen Mut, die persönliche Kontrolle abzugeben und die Unsicherheit in Kauf zu nehmen, ob nicht eine der genannten Unwägbarkeiten negative Folgen für das eigene Familienmitglied haben könnte. Deshalb betreuen viele Arbeitnehmer ihre Angehörigen in einer Krisensituation lieber selbst – ganz abgesehen von den Kosten.

Für die gesamte Pflegebranche stellt die private Pflege von Angehörigen einen nicht zu unterschätzenden stabilisierenden Faktor dar, wie die Initiative »Wir! Stiftung pflegender Angehöriger« betont: »Ohne Angehörigenpflege bricht die Pflege in Deutschland zusammen, denn die Grundlage der Pflege in Deutschland ist die Angehörigenpflege.«[3] Die daheim pflegenden Angehörigen allerdings sind überwiegend von einer massiven Überlastung betroffen: »Deutschlands größter Pflegedienst ist erschöpft«, konstatierte dementsprechend die Barmer Krankenkasse bei einer Anfang Januar 2019 stattfindenden Pressekonferenz.[4]

Die Themen Tod und Trauer stehen in engem Zusammenhang mit der Pflege von Angehörigen. Denn je länger die Menschen arbeiten gehen, desto öfter sind sie auch in ihren Berufskarrieren mit altersschwachen, kranken und sterbenden Angehörigen konfrontiert. Wer damit beginnt, sich um einen pflegebedürftigen Angehörigen zu kümmern, begibt sich auf einen langen Weg – im Durchschnitt, wie später noch zu belegende Zahlen besagen, rund acht Jahre lang.

Abgesehen davon steht der Tod sowieso immer vor der Unternehmenstür. Unternehmen, Vorgesetzte, Teams, alle Angestellten haben sich unausweichlich immer wieder damit auseinanderzusetzen, dass Mitarbeiter an eventuell tödlichen Krankheiten wie Krebs erkranken, sich das Leben nehmen oder durch einen Unfall sterben. Hat eine Firma 100 oder 200 Mitarbeiter, ist ein regelmäßiger Kontakt mit dem Thema zu erwarten.

Trauer wirkt zudem immer systemisch. Stirbt bei einem Angestellten ein Familienmitglied, ist auch die Abteilung betroffen. Nimmt sich jemand aus einem Team das Leben, hat das massive Auswirkungen auf die einzelnen Mitarbeiter, die Strukturen, vor allem aber auf die psychodynamischen Prozesse. Also unter Umständen auch auf das Unternehmensergebnis und die Jahresbilanzen.

Wohlüberlegte Strategien für und die Unterstützung von Menschen in einer Krise sind neben der menschlichen Notwendigkeit nicht nur wichtig hinsichtlich der Arbeitsfähigkeit, sie bieten auch gute Chancen in Sachen Mitarbeiterbindung. Denn Menschen in einer Krise oder einer Verlustsituation sind extrem sensibel. Wer sich ihnen mit der nötigen Achtsamkeit und Empathie zuwendet, der tut etwas, das nicht allen gelingt.

Noch sind Firmen, die souverän auf sehr individuelle und zur jeweiligen Situation passende Weise mit den Themen Tod und Pflege umgehen und die auf solche Eventualitäten gut vorbereitet sind, eher die Ausnahme. Doch bald sollte all das Standard sein – so wie inzwischen die Elternzeit. Und wer dann in Sachen Tod und Pflege nicht viel zu bieten hat, verliert eventuell gute Mitarbeiter an andere Unternehmen, die hier besser aufgestellt sind.

Mit diesem Buch möchte ich Sie einladen, sich als Personalverantwortlicher oder als Führungskraft, als Teamleiter oder als Firmenchef, als Verantwortlicher für Betriebliches Gesundheitsmanagement oder als Betriebsrat oder einfach nur als interessierter Arbeitnehmer mit den großen Themen des Lebens auseinanderzusetzen. Sie betreffen jeden von uns immer wieder, denn Krankheit, Tod und Trauer gehören zum Leben wie unsere Arbeit. Und irgendwann betreffen diese Themen auch jeden persönlich. Im ersten Kapitel gehe ich hierauf noch ausführlich ein.

Nach mehreren Jahren der Zusammenarbeit mit Trauernden und von Krisen betroffenen Menschen darf ich Ihnen zudem versichern: Die Hinwendung zu diesen Themen lohnt sich. Nicht allein der anderen Menschen wegen, sondern auch, weil es einen selbst weiterbringen kann, da man sich mit den essenziellen Fragen des Lebens auseinandersetzt. Und weil es für die Unternehmungen, die

Sie vertreten, am Ende des Tages vielleicht doch mehr Chancen bietet als Herausforderungen.

Aber sehen Sie selbst. Im ersten Teil des Buches beschreibe ich die vielfältigen Folgen, die menschliche Krisen der Angestellten für diese selbst und auf ihre Arbeit haben können. Zudem erläutere ich Strategien und Möglichkeiten, die Sie als Führungskraft, Personalverantwortlicher oder auch Betriebsrat zur Unterstützung des Betroffenen im Einzelfall einsetzen, aber auch vorsorglich einrichten können.

Im zweiten Teil berichte ich Ihnen von verschiedenen Unternehmen, die in besonderer Weise vorbildlich mit solchen Krisen umgehen.

Im dritten Teil stelle ich in Kürze die wesentlichen rechtlichen Grundlagen dar, die Sie, sofern Sie Personalverantwortung tragen, berücksichtigen sollten.

Im vierten Teil finden Sie Checklisten und Materialien zu wesentlichen Themen der Krisenbewältigung im Unternehmen, die Ihnen bei wiederkehrenden Aufgaben als Handlungsgrundlage, Leitfaden oder kurze Erinnerung dienen können. Unter www.campus.de/trauer-pflege-krise können Sie sich dieses Notfallset als PDF herunterladen. Das Passwort lautet: Trauer-Pflege-Krise-Notfallset.

So werden Sie gut ausgerüstet sein, um Angestellten, die einen Krisenfall erleben, gut begleiten und unterstützen zu können.

PS: Die Ungerechtigkeiten der deutschen Sprache lassen sich erst dann wirklich lösen, wenn wir uns vom »Der, Die und Das«, also der in der deutschen Sprache verankerten Geschlechtertrennung befreien können. Was das angeht, haben es die Engländer beneidenswert einfach – da gibt es nur ein sprachliches Geschlecht. Das große Mittel-I oder das Geschlechtersternchen und ähnliche Hilfskonstruktionen bieten keine wirklichen Lösungen, deshalb habe ich mich zugunsten des Leseflusses entschieden, darauf zu verzichten. Also hoffe ich auf eine starke weibliche Leserschaft – und auf Verständnis.

Teil 1

Der verantwortliche Umgang mit persönlichen Krisen im Unternehmensalltag

1. ANGESTELLTE IM AUSNAHMEZUSTAND: WISSEN, WAS GESCHIEHT

Menschliche Krisen sind eine Herausforderung für Unternehmen, für Verantwortliche ebenso wie für Kollegen. Ein unterstützender Umgang mit ihnen scheint nicht in die Unternehmenswelt zu passen. Man kann ihnen nicht rein lösungsorientiert oder nach einem vorgefertigten Baukastenprinzip begegnen, hier greifen keine Prinzipien der Effizienz oder der Kosten-Nutzen-Analyse. Was wirklich hilft, ist ein Blick auf den einzelnen Menschen oder – je nach Art der Krise, des Todes- oder Trauerfalls – auf ein Team, die speziellen Bedürfnisse und Gefühle, Sorgen, Ängste und Nöte. Das kostet Zeit und Aufmerksamkeit und bedarf eines guten und genauen Hinschauens.

Die Fragilität des Lebens in der Personalpolitik berücksichtigen

Da ist zum Beispiel die 50-jährige Angestellte, deren Mutter im selben Haus wohnt, genau eine Wohnung über ihr. Diese ist zwar körperlich noch fit und von einer Pflegebedürftigkeit so gesehen noch weit entfernt, aber eine beginnende Demenz ist nicht mehr zu leugnen. Nacht für Nacht kommt die Mutter in die Wohnung und ins Schlafzimmer ihrer Tochter, um zu fragen, ob sie jetzt aufstehen könne oder müsse. Um drei Uhr, um vier Uhr, manchmal nur einmal pro Nacht, manchmal drei- bis viermal. Aber: ganz sicher jede Nacht.

Den Kollegen ist zwar aufgefallen, dass die Kollegin einen immer müderen Eindruck macht und ihr neulich einmal kurz die Augen zugefallen sind – aber das Thema anzusprechen oder sich einmal direkt nach dem Befinden der Kollegin zu erkundigen, das hat sich noch keiner getraut.

Ein anderes Beispiel ist der 38-jährige Angestellte, der in den vergangenen Wochen und Monaten irgendwie bedrückt wirkte, in sich gekehrt zu sein schien. Manche Kollegen machte seine Übellaunigkeit regelrecht zornig. Andere wandten sich kopfschüttelnd ab. Aber niemand fragte den Mann, was los sei. Eines Tages kam er nicht mehr zur Arbeit. Er hatte sich in der Nacht zuvor zu Hause an einem Strick erhängt, was jedoch anfänglich keiner bemerkte, weil er keine in der Nähe lebenden Angehörigen hatte.

Oder nehmen wir die 27-jährige Teamleiterin, deren Schwangerschaft schon recht weit fortgeschritten war. Sie konnte bereits eine Kaffeetasse auf ihrem runden Bauch abstellen, was mehrere Wochen lang ein belustigendes Scherzritual des gesamten Teams war. Doch dann musste die Teamleiterin plötzlich mit unklaren Schmerzen im Bauch von ihrem Arbeitsplatz von einem Rettungswagen abgeholt werden. Als sie nach zwei Wochen zu ihrem Team zurückkehrte, war nicht nur der Bauch verschwunden, sondern auch das Baby, die Heiterkeit und die Unbefangenheit.

Diese drei Beispiele werfen vielfältige Fragen auf: Wo verlaufen die Grenzen zwischen Privatleben und Arbeitsleben? Wie weit reicht die im Bürgerlichen Gesetzbuch verankerte Fürsorgepflicht der Arbeitgeber? Wann und wie müssten die Führungskräfte intervenieren, einen betroffenen Mitarbeiter ansprechen? Wie sind sie auf so etwas vorbereitet? Was geschieht mit den Teams? Wie gehen sie mit diesen Krisenfällen um? Wie beeinflusst es ihre weitere Zusammenarbeit? Und: Können sich Unternehmen auf solche Spezialfälle vorbereiten?

Es ist verständlich, wenn aus Unternehmenssicht menschliche Krisen oft als Störfall erlebt werden, als etwas, das möglichst rasch aus der Welt zu schaffen ist, weil es den betrieblichen Ablauf empfindlich beeinflussen kann. Projekte, Produkte, Kunden, Aufgaben – das alltägliche Geschäft hat Vorrang, ja, muss Vorrang haben, damit es im Unternehmen irgendwie weitergeht. Doch weder der Tod noch die Fragilität des menschlichen Lebens können aus der Realität von Unternehmen und Organisationen ausgeklammert werden – die Zahlen sprechen da eine deutliche Sprache: 945 900 Menschen sind den Angaben des Statistischen Bundesamts zufolge im Jahr 2018 gestorben[5], im Durchschnitt sterben etwa 900 000 Menschen pro Jahr in Deutschland.

Davon sind jeweils rund 140 000 zwischen 20 und 65 Jahren alt, also vermutlich berufstätig. Mit steigendem Eintrittsalter in die Rente wird diese Zahl der Todesfälle im berufstätigen Alter höher werden. Zahlen der gesetzlichen Unfallversicherungen belegen außerdem, dass rund 450 Menschen pro Jahr durch einen Arbeitsunfall sterben.[6]

In Österreich sterben den Angaben der Statistischen Ämter zufolge derzeit rund 80 000 Menschen, darunter etwa 11 000 im erwerbsfähigen Alter. In der Schweiz sterben rund 67 000 Menschen pro Jahr, rund 8 500 davon im erwerbsfähigen Alter.

Die Anzahl der Pflegebedürftigen in Deutschland wird ebenfalls weiter steigen, wie das Demografieportal des Bundes und der Länder prognostiziert: Waren es, wie bereits erwähnt, im Jahr 2017 noch rund 3,4 Millionen Menschen, bei denen Pflegebedürftigkeit eine Rolle spielte, sollen es bis 2030 rund 4,1 Millionen sein.[7]

In Österreich sind derzeit rund 456 000 Menschen auf Pflegeleistungen angewiesen.[8] Und in der Schweiz werden derzeit rund 350 000 Personen zu Hause gepflegt.[9] Auch hier gilt: Tendenz steigend bis stark steigend.

Hinzu kommen die nicht zu beziffernden Fälle, in denen – wie in dem Beispiel der anfangs erwähnten Arbeitnehmerin und ihrer Mutter – Arbeitnehmer zwar bereits erheblich belastet, aber statistisch noch nicht erfasst sind.

Das alles hat unmittelbare Auswirkungen auf die Arbeitnehmer, Teams, Abläufe und Unternehmen. Krisen wirken sich zudem immer systemisch aus. Nicht selten lassen sie wie eine plötzlich um sich greifende Glut alte oder neue Konflikte auflodern, häufig entfalten die psychodynamischen Prozesse eine destruktive Wirkmacht. – Wir werden uns damit insbesondere in Kapitel 6 genauer beschäftigen.

Bezüglich des Beginns des Lebens, der Kinderzeit und auch des Wiedereinstiegs in den Beruf sind die meisten Unternehmen im deutschsprachigen Raum inzwischen gut aufgestellt. Die Politik hat ihr Übriges dazu beigetragen: Die flexibel anwendbare Elternzeit, das Kindergeld, von der Krankenkasse bezahlte Betreuungstage für kranke Kinder – all das und mehr hilft jungen Eltern, ihre verschiedenen Pflichten und den Beruf miteinander zu vereinbaren. »Familienfreundliche Arbeitnehmerpolitik« meint in der Regel: freundlich gegenüber Eltern neugeborener oder kleiner Kinder.

Darüber hinaus besteht in den meisten Unternehmen inzwischen Einigkeit, dass die Arbeitnehmerbedürfnisse eine wichtige Rolle spielen. Das zeigt sich oft an Details. Da wird beispielsweise für einen Auszubildenden, der morgens mit den öffentlichen Verkehrsmitteln anfahren muss, der eigentlich für 5 Uhr früh vorgesehene Beginn seines Dienstes um 30 Minuten nach hinten verlegt. Außerdem ist es längst Tradition, dass die Auszubildenden an ein bis zwei Tagen in der Woche zwar von der Firma bezahlt werden, aber in die Berufsschule gehen, wo neben fachbezogenen Themen oft auch Sport oder Religion auf dem Lehrplan steht. Derlei Beispiele gibt es zahlreiche mehr. Kurzum: Für den Einstieg in den Beruf und – bei wachsendem Fachkräftemangel – zunehmend auch in das Unternehmen überhaupt wird einiges getan.

Aber was das Ende des Lebens angeht – vor allem seine Verletzlichkeit –, folgen noch sehr viele Unternehmen, Personalverantwortliche und Führungskräfte einem allzu menschlichen Instinkt: Lieber weg- als hinsehen.

Seit einigen Jahren macht das Stichwort der »lebensphasenorientierten Personalpolitik« die Runde. Gemeint ist damit eine jeweils auf die Lebenszyklen eines Arbeitnehmers blickende Personalpolitik, die den sich aus diesen Zyklen ergebenden Bedürfnissen Rechnung trägt – und dabei alle möglichen Entwicklungen mit berücksichtigt, beispielsweise auch den sich in höherem Alter oft ergebenden Wunsch nach ehrenamtlicher Betätigung neben dem Hauptberuf.

Solange dieses Modell nicht auf die Frage der Elternphasen und der Vereinbarkeit von Bedürfnissen junger Familien mit dem Berufsleben beschränkt bleibt, nimmt es zumindest auch die Frage der Pflegebedürftigkeit älterer Angehöriger in den Blick. Anders gesagt: Eine ernst gemeinte lebensphasenorientierte Arbeitnehmerpolitik geht fest davon aus, dass eine Zeit der Pflegeverantwortung auf die Angestellten zukommen wird und dass dieses Thema in der Mitarbeiterschaft insgesamt an Wichtigkeit zunehmen wird.

Ein weiteres Stichwort, das in jüngster Zeit immer wieder diskutiert wird, ist das oft beschworene Zeitalter der »New Work«, der Neuen Arbeit also. Gekoppelt meist an das Thema der zunehmenden Digitalisierung, beschreibt dieser Prozess die noch radikalere Veränderung des gewohnten Arbeitsmodells. War es seit der Industrialisierung stets so, dass das vorrangige Ziel eines Arbeitnehmers vor allem das Verdienen des Geldes gewesen ist, um beispielsweise sein Leben gestalten oder eine Familie damit ernähren zu können – was auch heute noch eine zentrale Motivation dafür ist, zur Arbeit zu gehen, übrigens gerade und vor allem, wenn ein Arbeitnehmer zugleich zu Hause eine Pflege leistet –, so bekommt seit einigen Jahren auch die Sinnfrage immer mehr Raum.

Hat meine Arbeit eine tiefere Bedeutung, erfüllt sie einen größeren Zweck, nutzt sie auch der Gesellschaft oder der Welt? Nicht mehr allein das Arbeiten des Geldes wegen, sondern das Arbeiten des Sinns wegen soll in naher Zukunft ein wesentlicher Motivationsfaktor sein. Erst dann könnten Mitarbeiter ihr volles Potenzial entfalten, lautet die damit verbundene Hoffnung. Was damit einhergeht – befeuert auch durch immer bessere Technik, die das Arbeiten daheim möglich macht –, ist der Prozess der Verschmelzung von Privat- und Arbeitsleben. Arbeits- und Privatleben als Symbiose, das gehört ebenfalls zu »New Work«.

Wenn wir aber dieser These einmal folgen wollen, dass die Grenzen zwischen Privat- und Arbeitsleben zunehmend fallen, dann wird umso wichtiger, auch das Schwere und Tragische in den Blick zu nehmen, was das Private mit sich bringen kann.

So oder so: In jedem Unternehmensalltag spielt, wie einleitend bereits angesprochen, der Tod von Arbeitnehmern eine Rolle und diese wird sich in der nahen Zukunft verstärken. Denn immer mehr Menschen arbeiten eine immer längere Strecke ihrer Lebenszeit – oder anders gesagt: Die Arbeitnehmer im deutschsprachigen Raum werden immer älter. Es ist sinnvoll, auch das in einer lebensphasenorientierten Personalpolitik von vornherein mit zu berücksichtigen.

Betrachtet man die sogenannten Megatrends, die derzeit allerorten in der Personalpolitik diskutiert werden, ergibt sich automatisch die Notwendigkeit einer lebensphasenorientieren Arbeitnehmerpolitik. Diese Megatrends sind:

1. **Die Überalterung der Gesellschaft:** In Deutschland ist die Sterberate seit Mitte der 1970er-Jahre stets höher als die Geburtenrate. Es gibt also immer weniger potenziellen Nachwuchs für die Unternehmen und die bereits arbeitenden Menschen arbeiten immer länger. Zudem nimmt die Bevölkerung insgesamt ab, die älteren Menschen hingegen leben heutzutage länger. Ihr Anteil an der Bevölkerung nimmt also zu.

Derzeit sind wir in den Übergangsjahren zur Rente mit 67 Jahren. Doch nicht selten werden Stimmen laut, die eine weitere Erhöhung für unumgänglich halten. Andere möchten – wenigstens in Teilzeit – »solange es geht« weiterarbeiten. Das könnte bedeuten: Ein beinahe 70 Jahre alter Arbeitnehmer dürfte, wenn alles in seinen natürlichen Bahnen verläuft, die Pflegephase seiner Eltern und deren Tod entweder gerade abgeschlossen haben, ehe er sich dem letzten Teil seiner Lebensarbeitszeit widmet – oder er steckt noch mittendrin. Als mein Vater sich um seine dann im Alter von 91 Jahren sterbende Stiefmutter kümmerte, hatte er die 70 auch bereits überschritten. Außerdem rückt der mögliche Tod eines knapp 70 Jahre alten Angestellten immer näher in die Wahrscheinlichkeitszone. Ergo: Es werden in Zukunft mehr Arbeitnehmer noch in der Zeitphase ihrer Erwerbstätigkeit sterben.

2. **Weitere Megatrends, kurz zusammengefasst:** der Wechsel in die Wissensgesellschaft, die allerorten steigende Komplexität, gleichzeitig aber auch eine steigende Beschleunigung in fast allen Bereichen und natürlich die Digitalisierung und der damit einhergehende Gesellschaftsumbau.

Was das lebensphasenorientierte Arbeitnehmermodell so attraktiv erscheinen lässt, ist die damit einhergehende Vorstellung einer gewissen Planbarkeit. Tatsächlich ist ja vieles, was Arbeitnehmer erleben könnten, recht schematisch ableitbar – etwa der potenzielle Zeitpunkt einer Familiengründung. Das Durchschnittsalter von Männern und Frauen bei der Geburt des ersten Kindes beträgt derzeit etwa 30 Jahre.[10] Das Interesse an einem Ehrenamt erwacht in der Regel erst ab einem Alter von 45 oder 50 Jahren, also wenn die Kinder schon groß oder zumindest größer sind und eventuell das Berufsleben als etwas Krisenhaftes erlebt wird, das eine neue Sinnsuche erforderlich macht. Kluge Personalpolitik beziehungsweise Personalentwicklung eines Unternehmens kann solcherlei Arbeitnehmerbedürfnisse entsprechend antizipieren.

Der Tod allerdings lässt sich niemals planen. Ebenso wenig wie das, was er mit den Hinterbliebenen macht. Sehr bewusst habe ich an den Anfang dieses Kapitels einen Suizid als Beispiel gestellt. Denn rein statistisch gesehen sterben in Deutschland immer noch mehr Menschen an einem Suizid als an einem Verkehrsunfall – je nachdem, welche Altersgruppe wir betrachten, ist der Suizid sogar die zweithäufigste Todesursache in Deutschland. Alle 53 Minuten nimmt sich ein Mensch in Deutschland das Leben, sagen die offiziellen Zahlen.[11] Doch das sind nur die erfassten tatsächlichen Gestorbenen. Experten beispielsweise von der Deutschen Gesellschaft für Suizidprävention gehen davon aus, dass alle fünf Minuten ein Mensch in Deutschland einen Suizidversuch unternimmt.

Ebenso sind die Pflegebedürftigkeit eines nahen Angehörigen sowie chronische Krankheit, eine Depression, eine Scheidung und andere Krisen eines Angestellten nicht vorhersehbar. Entsprechend hoch ist also die Wahrscheinlichkeit, dass Sie als Arbeitgeber, Personaler, Betriebsrat oder Führungskraft mit einem solchen Ereignis konfrontiert werden.

Doch ob Suizid, Krankheit oder Unfall: Was ich in meiner inzwischen mehrjährigen Tätigkeit als Trauerbegleiter immer wieder erlebe, das ist die fast schon belanglose Wahllosigkeit, mit der der Tod in das Leben der Menschen hineinwüten kann – und was das in den Hinterbliebenen an Wunden reißen kann. Es gibt Kinder oder Jugendliche, die sterben, Ungeborene – wie in dem Beispiel eingangs –, Mütter oder Väter, die noch lange als solche gebraucht würden. Ursache können Unfälle, Krankheiten oder tragische Zwischenfälle sein. Beispielsweise der Auszubildende einer Firma, der vom Segelboot stürzte und von den Strömungen ins Meer gerissen wurde, von wo er niemals zurückkehrte. Oder die Katastrophe, die Facebook-Chefin Sheryl Sandberg erlebte: Ihr Mann David war 47 Jahre alt, er galt als topfit, war ein geschätzter Berater, Investor und Firmengründer. Als er zu seiner Frau im Urlaub in Mexiko sagte, er ginge jetzt ins Fitnessstudio, war das soweit nichts Ungewöhnliches. Er kehrte von dort nicht wieder lebend zurück.[12]

Können Unternehmen sich auf so etwas vorbereiten? Welchen möglichen Tod sollten sie idealerweise in den Blick nehmen: Den ihrer Arbeitnehmer? Den der nächsten Angehörigen ihrer Arbeitnehmer? Für welchen Pflege- oder Krisennotfall wollen Sie als verantwortliche Führungskraft vorsorgen? Wir werden die unterschiedlichen Fälle in diesem Buch näher betrachten. Fürs Erste halten wir fest: Diese Ereignisse können eben eintreten und nicht jeder Einzelfall ist vorhersehbar. Doch es ist möglich und notwendig, eine Unternehmenskultur zu schaffen, die zumindest einen souveränen und angemessenen Umgang mit den dann auftretenden Folgen möglich macht.

Doch wie kann eine solche Kultur aussehen? Was ist hilfreich? Ganz vereinfacht gesagt: Es braucht eine Kultur, die Menschlichkeit zulässt. Ein Verständnis für Krisen und Bedürfnisse. Eine Unternehmenskultur des Hinhörens, Zuhörens und des verständnisvollen Umgangs. Eine solche Kultur zu implementieren ist ebenso aufwendig wie lohnend. Die Aufgabe ist komplex und zugleich simpel. Es bedarf dafür recht viel und dann wiederum ganz wenig.

Aber bevor ich dies in den folgenden Kapiteln detailliert beschreibe, müssen wir uns mit etwas anderem auseinandersetzen. Nämlich mit Gefühlen – ohne sie wird es nicht gehen in diesem Buch.

Was Pflege, Zerbrechlichkeit und Tod für Gefühle auslösen können

»Leid, so stellt sich heraus, ist ein Ort, den von uns niemand kennt, solange wir nicht dort sind.« So beschreibt es die Autorin Joan Didion in ihrem Buch *Das Jahr magischen Denkens*, in dem sie ihren eigenen Trauerprozess nach dem Tod ihres Mannes schildert.[13] Das ist eine wahre und kluge Beobachtung. Wer den Tod eines ihm nahestehenden Menschen (also auch: Kollegen) noch nicht erlebt hat, der kann sich kaum in einen Hinterbliebenen hineinfühlen. Trauer ist ein oft unterschätztes und wenig verstandenes Gefühl. In der Trauerbegleitung höre ich häufig diesen Satz: »Meine Freunde und Verwandten verstehen mich gar nicht mehr.«

Vieles von dem, was Menschen in einer Trauer- und Verlustkrise als vermeintlich Aufmunterndes gesagt wird, ist wenig hilfreich. Die Trauerbegleiterin Iris Willecke hat deswegen im Postkartenformat ein sogenanntes »Bullshit-Bingo« entwickelt, in dem sie augenzwinkernd all die Sätze auflistet, die zwar gut gemeint sind, aber doch in die falsche Richtung gehen, beispielsweise: »Die Zeit heilt alle Wunden«, »Du musst loslassen«, »Du musst nach vorne schauen« oder »Ich weiß genau, wie du dich fühlst«, »Wie, du trauerst immer noch?« und »Irgendwann muss es auch mal wieder gut sein mit der Trauer«.[14]

Die beiden letztgenannten Phrasen sind für Trauernde besonders schmerzhaft. Denn es hängt immer vom Einzelfall ab, wie und wie lange der höchst individuelle Trauerprozess verläuft. Und es dauert fast immer viel länger und beschäftigt die Menschen wesentlich hartnäckiger, als man es jemals verstehen oder nachvollziehen könnte, wenn man nicht selbst einmal diese Erfahrung gemacht hat. Je nach Verlustsituation kann es sogar ein ganzes Leben lang dauern.

Für Trauernde ist es wesentlich und hilfreich, dass die Katastrophe, die der Verlust darstellt, als solche wahrgenommen und gewürdigt wird. Mit Sätzen wie »Du musst jetzt loslassen« oder »Irgendwann wird es wieder leichter« gelingt das nicht. Den Trauernden geht es nicht ums Loslassen, im Gegenteil, sie wollen doch verzweifelt festhalten, bewahren, sich an die Erinnerungen klammern, die sie noch haben – verbunden mit der Angst, dass sie nachlassen könnten. Und ob es irgendwann wieder leichter wird oder nicht, hat nichts damit zu tun, wie tief greifend die aktuelle Katastrophe als solche erlebt wird. Die Zeitachse ist niemals vorhersagbar. Wer das, was ihm widerfährt, als persönliche Katastrophe erlebt, der wird lange in diesem Erleben bleiben. Und es gäbe keine Trauerbegleitung als Profession, wenn nicht Menschen das Wahrnehmen und Besprechen dieser Gefühle als hilfreich erlebten. Oder auch den Versuch, etwas an sich kaum Aushaltbares gemeinsam auszuhalten.

Letztlich zielen solche beschwichtigenden Sätze meist unbewusst auf etwas anderes ab: Sie wollen das aktuelle Ereignis abschwächen, seine Bedeutung minimieren. Aber weil Menschen in einer Trauer- und Verlustsituation und oft auch in einer Pflegesituation häufig besonders sensibel und hellhörig sind, haben sie ein gutes Gespür dafür, ob es jemand wirklich ernst mit ihnen meint.

Übrigens: Die Symptomatik von Trauer und von den krisenhaften Phasen, die sich dadurch einstellen können, wird nicht allein durch den Tod ausgelöst. Trauer kann auch durch andere Verlust- und Abschiedsereignisse hervorgerufen werden. Scheidung, die fortschreitende Demenz eines Elternteils, auch scheinbar weniger einschneidende Ereignisse wie der Auszug eines Kindes oder der Weggang eines Kollegen, ebenso innerbetriebliche Notwendigkeiten wie Kündigungen oder Abteilungsschließungen und vergleichbare Prozesse können zu Trauergefühlen und auch ausgeprägter und andauernder Trauer führen.

Eltern, die ihre Kinder verloren haben und diesen Verlust schon vor vielen, vielen Jahren erlebt haben, erzählen mir oft: »Es vergeht kein Tag, an dem ich nicht an mein Kind denke, und es vergeht kein Tag, an dem ich nicht diese Narbe spüre.« Immerhin ist die einst so hartnäckig blutende Wunde inzwischen vernarbt – aber auch diese Stellen sind brüchig. Manche Verluste bleiben ein Leben lang eine Katastrophe und unaushaltbar. Das gilt für den Verlust von Menschen ebenso wie für den Verlust von Status, Zugehörigkeit, Aufgaben, Kollegen, Projekten, eben von allem, was im Unternehmenskontext eine Rolle spielen kann.

Das Leid, dem Menschen in einer Trauer- und Verlustkrise ausgesetzt sind, ist ein ganz anderes als das, was Menschen erleben, die gerade eine Pflegeverantwortung für einen Angehörigen wahrnehmen. Die Brücke zwischen beidem ist die Ohnmacht, das Gefühl des Ausgeliefertseins in einer nicht zu ändernden Situation. Aber die Ausprägungen sind ganz andere.

Machen wir uns im Folgenden zunächst einmal bewusst, was Berufstätige, die sich in einer Pflegesituation befinden, fühlen, und anschließend, was Menschen in einer Verlustsituation erleben.

Gefühle in einer Pflegesituation

Menschen in einer Pflegesituation erleben oft eine kolossale Überforderung und eine permanente Anspannung. Das kann schleichend beginnen und sich massiv steigern.

Schon bei der Angestellten aus unserem Eingangsbeispiel, die nachts mehrmals von ihrer verwirrten Mutter geweckt wird, zeigt sich, dass bereits die schleichenden Anfänge erhebliche Auswirkungen haben können: Schlafentzug, innere Unruhe, eine ständige Grundspannung; hinzu kommt die Sorge, wie lange die Mutter wohl tagsüber noch allein zu Hause bleiben kann.

Bei starker Pflegebedürftigkeit des Angehörigen, insbesondere wenn er kaum mehr allein zu Hause sein kann, ist der Organisationsdruck auf die sich zuständig und verantwortlich fühlenden Menschen meistens gewaltig. Irgendjemand muss bei dem Angehörigen sein – und selbst wenn diese Organisationshürde gemeistert ist und Pflegedienste, Freunde, Verwandte oder Nachbarn mit aktiv werden und Hilfe leisten, wird dies nicht immer als Entlastung erlebt. Es bleibt eine innere Unruhe, eine Anspannung und die Frage: »Wird es wirklich gut gehen?« Menschen in einer Pflegesituation fällt es oft schwer, Kontrolle abzugeben.

Dabei hätten gerade sie das oft bitter nötig, denn Phasen der Entspannung haben Pflegende selten, in vielen Fällen auch gar nicht mehr. Urlaubstage werden oft dazu benutzt und benötigt, Organisationsfragen zu klären und Arzt- oder Krankenhausbesuche zu begleiten. Urlaub soll an sich der Erholung und Entspannung, der Regeneration der Kräfte dienen; Pflegenden bleibt dafür oft schlicht keine Zeit im Urlaub. Sie laufen Gefahr, irgendwann unter dieser Belastung, dem ständigen Druck und Stress zusammenzubrechen.

Eine weitere Last für Pflegende ist die Vielzahl an Regelungen, Gesetzen und Fördermöglichkeiten. Sich in diesem Dschungel zurechtzufinden erfordert ein hohes Maß an vielerlei Kompetenzen und vor allem an Zeit. Hier können Unternehmen ihren Mitarbeitern wertvolle Hilfe bieten; wie das geschehen kann, erfahren Sie im Kapitel 3.

Gekoppelt ist all dieses Erleben oftmals an die Angst um den Arbeitsplatz und damit die existenzielle und finanzielle Sicherheit. Als Folge davon kann sich das sogenannte ruminierende Denken einstellen, das heißt, der Betreffende gerät in die Grübelfalle: Die Gedanken kreisen ununterbrochen um die Aufgaben und Probleme. Dieser innere Wirbel erzeugt eine hohe Aufmerksamkeit, wird zu einem ständigen Sog, dem sich der Betroffene nicht mehr entziehen kann. Dies hat Konzentrationsschwächen und andere Aufmerksamkeitsstörungen zur Folge. Oft kommt Schlafmangel hinzu, was viele Menschen in einer Pflegesituation beklagen und dessen gesundheitliche Folgen weitreichend sein können.

Manchen Menschen, die zwischen Arbeitsplatz und häuslicher Pflegesituation hin und her eilen, fehlt die Zeit und die Kraft für banale Alltagstätigkeiten wie das Führen des eigenen Haushalts, das Erledigen eigener Post und Rechnungen, die eigenen Arztbesuche, ja, das Pflegen der eigenen Gesundheit. Da können vermeintlich alltägliche und harmlose Gedanken wie »Ich müsste endlich die Steuererklärung machen«, »Das Bad müsste dringend gewischt werden« als äußerst belastend erlebt werden.

Dies ist besonders zu berücksichtigen, weil sich viele Menschen in einer Pflegesituation mit ihrem Arbeitgeber auf ein Arbeiten im Homeoffice verständigen – entweder auf einen oder mehrere Tage begrenzt oder auch komplett. Viele Arbeitgeber sind hier auch sehr entgegenkommend und die moderne Technik macht da vieles möglich. Das ist gut so. Jedoch liegen darin auch besondere Gefahren – denn vor allem im Homeoffice arbeitende Menschen klagten besonders rasch über Erschöpfung, sagte die Ärztin Monika Rieger als Direktorin des Instituts für Arbeitsmedizin in der *Zeit*: »Vielleicht entscheiden sich aber auch gerade jene fürs Homeoffice, die dazu neigen, sich über alle Maßen zu verausgaben«, sagt sie[15]. Für Sie als Führungskraft, Teamleiter, Personaler oder Betriebsrat heißt das: Gerade in so einer Situation sollten Sie dranbleiben und einen möglichst engen Kontakt suchen.

Außerdem laufen in einer Person in einer Pflegeverantwortung tiefe innerliche Prozesse ab, die oft an existenzielle Fragen rühren: Was macht es mit einem, wenn die Mutter nachts verwirrt ist wie ein Kleinkind (und später sicher auch tagsüber)? Was macht es mit einem, die eigenen Eltern als gebrechlich, vielleicht als aggressiv oder in anderer Form massiv verändert zu erleben? Die bisher vorhandenen Rollenbilder und Muster werden auf den Kopf gestellt und funktionieren nicht mehr. Die Pflegesituation stellt vielerlei Anfragen an den Pflegenden, an seine Wertesysteme, Glaubensüberzeugungen, seine Fundamente und Erfahrungen. Obwohl das bei vielen Betroffenen eher unbewusst und unreflektiert im Hintergrund abläuft, ist es zusätzlich irritierend und belastend.

Wie bei allen Prozessen, in denen wir mit Ohnmacht und einem Gefühl des Ausgeliefertseins zu tun haben, ist es ein schmaler Grat zwischen Selbstwirksamkeit und Hilflosigkeit. Kann ich es noch stemmen und aushalten, kann ich es organisieren, bin ich noch in der Lage, etwas zu tun? Vor diesen Fragen stehen Menschen in einer Pflegesituation immer wieder aufs Neue. Es gilt, dies immer wieder neu zu durchdenken und innerlich zu verhandeln. Manchmal, je nach Schwere des Falls, jeden Tag wieder.

Fast 40 Prozent der Pflegenden fehle Schlaf, 30 Prozent fühlten sich in ihrer Rolle als Pflegende gefangen und jedem Fünften sei die Pflege eigentlich zu anstrengend, dementsprechend wünschten sich 60 Prozent der pflegenden Angehörigen Unterstützung bei der Pflege, sagt Prof. Heinz Rothgang von der Universität Bremen im Pflegereport der Barmer Krankenkasse.[16]

Wenn eine hohe Grundanspannung und ein fragiles, weil gestresstes Nervenkostüm sowie nicht genug Erholungspausen zusammenkommen, kann sich in dem Betreffenden ein aggressives Potenzial aufstauen, das sich unter Umständen in Wutausbrüchen, Zornesattacken und in einer generellen Feindseligkeit entladen kann – manchmal vielleicht in Situationen und gegenüber Kollegen,

Kunden und Menschen, die mit der Pflegesituation gar nichts zu tun haben. Wo sich permanent Wut zusammenbraut, braucht es irgendwann ein Ventil.

Die Sonderbelastung der Pflege kann sich über viele Jahre erstrecken. Rund acht Jahre dauert eine private Pflegesituation derzeit durchschnittlich in Deutschland, berichtete 2014 die *Frankfurter Rundschau*[17] und beruft sich dabei auf Zahlen, die sich ebenfalls im Pflegereport der Barmer finden lassen.

Manchen Menschen in einer Pflegesituation macht zudem eine gewisse Scham zu schaffen. Sie schämen sich für ihre Lage beziehungsweise für die Lage ihrer Angehörigen. Es macht etwas mit uns, andere Menschen als schwach und hilfebedürftig zu erleben – allein dies kann Scham erzeugen. Außerdem spielen die körperlichen Grundbedürfnisse eine große Rolle. Seiner Mutter oder seinem Vater die Windeln zu wechseln, beispielsweise. Mit dieser Scham geraten Pflegende oft in einen Teufelskreis: Denn anstatt darüber zu sprechen und sich den Frust auch mal von der Seele zu reden, versuchen die Pflegenden, dies mit sich selbst auszumachen. Nur die wenigsten schaffen es in eine Selbsthilfegruppe. Das hat einerseits mit organisatorischen und zeitlichen Schwierigkeiten zu tun, aber auch mit dem eigenen Schamerleben.

Dabei ist der Austausch mit anderen Betroffenen oft der erste Schritt hin zu einer größeren Entlastung.

Nach Jahren in einer Pflegesituation gelangen viele Pflegende irgendwann selbst an den Tiefpunkt. Dann stellen sie fest »Ich kann einfach nicht mehr«, und sie benötigen dringend Hilfe. Frühzeitige Unterstützung ist effizienter – für alle Beteiligten.

Gefühle bei Verlust und Trauer

Es gibt einige Versuche, für Trauerprozesse schematische Abläufe zu beschreiben oder gar zeitliche Strukturen. Meine Erfahrung mit Menschen in Trauer- und Verlustkrisen zeigt mir dagegen immer wieder: Was der Verlust eines Menschen mit uns machen kann, ist immer individuell. Und dafür gibt es keine »normalen« Prozesse. Vielleicht verläuft die Trauer in Phasen, vielleicht in Schleifen, in Schüben oder in Wellen; nicht immer muss sie einen Menschen zu

Boden werfen oder sprachlos machen – auch wenn das durchaus vorkommen kann. Und so gilt für alles, was ich im Folgenden beschreibe: Es kann so sein, es kann aber auch ganz anders sein.

Zudem muss es gar nicht immer ein – von außen betrachtet – besonders gravierender Schicksalsschlag sein, der zu diesen Gefühlen führt. Manchmal stellt sich all das auch schon ein, wenn ein Großelternteil gestorben ist – auch wenn andere einen solchen Tod als »biologisch normal« beschreiben würden und sich vielleicht wundern, dass das Geschehen solche Folgen haben kann.

Trauer ist oft alles auf einmal und alles gleichzeitig. Ein gewaltiges, krisenhaftes Durcheinander. Menschen in einer Trauer- und Verlustkrise können ihre Tage als einen steten Wechsel verschiedenster Gefühle und Stimmungen erleben. Wut und Aggression können dazugehören, auch in überraschender Heftigkeit, die sich gegen alles und jeden richten kann, seien es Freunde, Kollegen, das Unternehmen, eine Aufgabe, sogar ein Hilfsangebot. Phasen großer Ohnmacht und Hilflosigkeit können auftreten, manchmal auch eine nahezu lethargische Abwesenheit von Gefühlen, die ins Depressive hineinreichen kann, meist aber nicht von einer Depression herrührt. Ohnehin ist es ein Mythos, dass Trauer automatisch zu einer Depression führt; dem ist nicht so.

In der Regel gehört eine Phase des Schocks zu dem Prozess, in dem ein Verlust betrauert wird. So ein seelischer Schockzustand kann sich durch ein Gefühl des Ausgeliefertseins und der Hilflosigkeit bis hin zu einer massiven Überforderung des gesamten menschlichen Systems bemerkbar machen. Je nach Schwere des Todes- beziehungsweise Trauerfalls wird das zur Folge haben, dass selbst kleinste alltägliche Aufgaben kaum zu bewältigen erscheinen. Diese Schockzustände können am Anfang auftreten oder erst später, sie können einmalig sein oder zu wiederkehrenden Ereignissen werden. Dass jemand, der in einem Schockzustand gefangen ist, nur eingeschränkt, wenn überhaupt, arbeitsfähig ist, behandeln wir an anderer Stelle noch ausführlicher.

Was vielen Menschen in einer Trauer- und Verlustkrise zu schaffen macht, ist der Prozess des Begreifens. Dabei reden wir jedoch nicht von dem reinen rationalen Verstehen. Vielmehr geht es darum, die Tragweite des Erlebten zu akzeptieren und es als neue Realität anzuerkennen. Der oder die Gestorbene ist tot und kehrt niemals wieder zurück. Diese grundlegende Erkenntnis nicht nur als im Kopf gedachten Satz zu erleben, sondern es mit dem gesamten System

Mensch in der Tiefe der Seele wirklich zu verinnerlichen, das ist ein allmählicher und in vielen Fällen niemals ganz abzuschließender Prozess, an dem die Betroffenen lange zu arbeiten haben.

Deshalb ist es Trauernden übrigens manchmal so wichtig, wieder und wieder das Gleiche zu erzählen, auch wenn Angehörige, Freunde, Kollegen oder Berater das nervenaufreibend und nutzlos finden. Tatsächlich kann es für den Trauernden einen tieferen Sinn erfüllen und dazu beitragen, das Geschehene in die neue Realität aufzunehmen.

Wie bei allen krisenhaften Ereignissen kann das Erleben eines Verlusts zum alles beherrschenden Thema werden, das sich wie ein Filter auf die Wahrnehmung legt und andere Impulse oder Reize komplett ausblendet. Von Konzentrationsschwierigkeiten berichten daher viele Menschen in einer Trauer- und Verlustkrise. Lesen, schreiben, einfache Tätigkeiten wie Kochzutaten in der richtigen Reihenfolge beizugeben und eben auch das Arbeiten ist dann oft nicht wie gewöhnlich möglich.

Menschen in einer Trauer- und Verlustkrise können besonders sensibel, besonders hellhörig sein. Darauf werde ich in diesem Buch immer wieder eingehen, denn meiner Meinung nach liegt darin eine besondere Chance: Wer Menschen in einer solchen Krise mit der nötigen Aufmerksamkeit und Achtsamkeit begegnet, wer ihnen auf Augenhöhe entgegenkommt, der wird als wertvoller Partner – sei es Gesprächs-, Geschäfts- oder Lebenspartner – wahrgenommen. Dies sollte gute Führung, die Mitarbeiter auch in Krisen unterstützt, berücksichtigen.

In der Trauer kann eine enorm starke Sehnsucht nach dem Verstorbenen auftreten, manchmal sogar eine alles übertönende und sich schmerzlich in den Vordergrund drängende Sehnsucht, die Gedanken an ein Nach-sterben-Wollen mit sich bringt. Ob als entfernt wahrgenommener flüchtiger Gedanke oder als starker Impuls kann der Wunsch nach dem eigenen Tod auftauchen. Meistens folgt diese Idee einer Vorstellung, man könnte sich an den Ort begeben, wo der Verstorbene jetzt ist, um dann dort zusammen zu sein. Hier ist es – wie hinsichtlich aller Gefühle des Trauernden – wichtig, diese Sehnsucht nicht »wegzureden«, aus Angst, der Betreffende könnte sich etwas antun. Wichtig ist, ihn anzunehmen mit all seinen Gedanken und Gefühlen.

Besonders schlimm ist für viele Menschen in einer Trauer- und Verlustkrise, dass sich ihre Angehörigen, Freunde, Nachbarn oder eben auch Kollegen irgendwann von ihnen distanzieren, auf Abstand gehen, den Kontakt meiden. Fast immer erzählen mir Betroffene, die ich in ihrer Trauer begleite, irgendwann, dass an sich gute Bekannte die Straßenseite gewechselt haben, wenn sie dem Trauernden zu begegnen drohten. So etwas tut weh. Das sagt: Du gehörst nicht mehr dazu, du bist irgendwie anders.

Solch unbedachtes Verhalten einem Trauernden gegenüber macht diesen einsam und gibt ihm das Gefühl, nicht mehr richtig in diese Welt zu gehören. Oder nicht »richtig« zu trauern.

Das Mitgefühl im Todesfall schwindet, wie oben bereits besprochen, allgemein schnell. Angehörige und Freunde, ebenso Kollegen wünschen sich, dass irgendwann wieder »Normalität« einkehrt. So unverständlich diese Reaktion für Trauernde auch ist, wir können nachvollziehen, was Menschen in ihrem Umfeld dazu bringt: Im Umgang mit Verlusterfahrungen ist es eine große Herausforderung, die Ohnmacht und die Schwere, die sich bei Trauer zwangsläufig einstellt, auszuhalten. Das zu ertragen ist auch für nicht direkt Betroffene schwer. Sie möchten am liebsten davonlaufen und manche wechseln dann tatsächlich die Straßenseite. Was das Aushalten zusätzlich erschwert, ist die Tatsache, dass es so wenig konkrete Hilfsmöglichkeiten gibt. Verständlicherweise fühlen sich Freunde und Angehörige in einem Aktionismusmodus meistens wohler als im Schweigen. Etwas tun, etwas unternehmen, das fühlt sich eben besser an als ein – vielleicht sogar wohltuendes – Nichtstun oder gemeinsames Schweigen.

Nicht gesehen zu werden, in seinem Leiden nicht anerkannt zu werden, das ist für Trauernde das Schlimmste, so schildern es die Betroffenen immer wieder. Das gilt vor allem im Unternehmen, wo ein Mensch als Mitarbeiter ja in der Regel einen Großteil seiner Zeit verbringt. Aber gerade da sind nicht nur die Unsicherheiten oft groß, sondern der betriebliche Alltag führt alle Beteiligten allzu schnell wieder zum Tagesgeschäft zurück, in dem der Trauerfall mit seinen individuellen Gefühlen keinen Raum mehr findet. Das kann für manche hilfreich sein, für andere eine Belastung. Manchmal kann es auch von einem Extrem ins andere kippen.

Wer jedoch seine Trauer nicht ausleben kann, wer sie nirgends lassen kann, dem drohen ernste gesundheitliche Gefahren: Die sogenannte »aberkannte Trauer« macht Menschen krank. Schlaflosigkeit, Appetitlosigkeit, Depressionen bis hin zu Suizidgedanken können die Folge sein.

Im Unternehmenskontext ist es Kollegen eines von einem Trauerfall betroffenen Angestellten nur begrenzt möglich, diesem auszuweichen, man trifft beispielsweise im Büro einfach jeden Tag aufeinander. Die Trauer selbst ist dann allerdings oft dennoch kein Gesprächsthema beziehungsweise sie wird lieber ausgeklammert oder umschifft, was, wie ausgeführt, der Betroffene als sehr schmerzhaft empfinden kann. Es kann allerdings auch sein, dass er es als Erleichterung empfindet, am Arbeitsplatz seinen Gedanken und Gefühlen um das Geschehen zumindest zeitweise zu entkommen.

Für Sie als Führungskraft, Teamleiter, Personaler oder Betriebsrat bedeutet das: Stellen Sie am besten alle bisher geglaubten Annahmen rund um Trauer auf den Prüfstand. Das meiste, was wir als Gesellschaft derzeit über Trauer zu wissen glauben, sind tatsächlich eher Mythen. Vielleicht lassen Sie sich durch dieses Buch vor allem von einer Tatsache überzeugen: Dass Trauer ausgelebt werden muss und dass es individuell vollkommen unterschiedlich ist, in welcher Zeit und in welcher Weise der Betroffene dies durchlebt.

Kehren wir damit zurück zum Umgang mit menschlichen Krisen in der Arbeitswelt. Der berufliche Alltag mit seiner oft sehr kontrollierten Gefühlswelt und dem erwarteten professionellen Umgang bildet einen starken Kontrast zu dem, was Menschen in Krisensituationen empfinden. Das kann für Betroffene einerseits hilfreich sein – zu wissen, dass es diesen Ort gibt, wo diese Gefühlskontrolle einfach sein muss – oder irritierend und zusätzlich belastend. Meistens wird mal das eine, mal das andere mehr empfunden; entsprechend passend oder unpassend können Hilfsangebote seitens des Unternehmens aufgefasst werden. Für alle Beteiligten ist es wichtig, zu wissen, dass sich in einer Krise alles an Gefühlen und Gedanken immer wieder verändern kann – sprich, das, was der Betroffene einmal als hilfreich erlebt hat, kann auch wieder ins Gegenteil kippen. Dann ist es hilfreich, wachsam zu bleiben und immer wieder abzufragen: Was tut *jetzt* gut? Was braucht es *jetzt*? Die positiven Entwicklungen zu fördern und zu unterstützen, das kann sich verantwortungsvolle Führung zur Aufgabe machen. Das folgende Kapitel beschreibt die Chancen, die Führungskräfte und Personalverantwortliche persönlich wahrnehmen können.

2. GUTE FÜHRUNG – GUTER UMGANG MIT BETROFFENEN

Mitarbeiter können spüren, ob ein Unternehmen ihnen echte und ernst gemeinte Unterstützung anbieten möchte oder nicht – und je höher Sie die Messlatte gelegt haben, zum Beispiel indem Sie eine großartige Unternehmenskultur schaffen wollen, desto tiefgehender können die Enttäuschungen sein. Dementsprechend mache ich mich für eine Unternehmenskultur stark, in der diese Hinwendung zum Einzelnen – also ein tatsächliches Gesehenwerden – im Vordergrund steht. Im Grunde ist es ganz einfach, dann aber auch wieder nicht: Wir müssen lernen, auf jeden einzelnen Mitarbeiter in seiner jeweiligen Lebenssituation zu achten und zu schauen. Aber: Es muss eben *jeder* im Unternehmen mitziehen. Von der Geschäftsführung bis zum oberen Management bis zum mittleren Management bis zum kleineren Team- oder Projektleiter. Was das bringen kann? Eine Menge. Zwar schwer in Zahlen zu fassen. Und doch so weitreichend.

Wie sich eine gute Unternehmenskultur auswirken kann: drei Beispiele

Betrachten wir noch einmal die eingangs beschriebenen Beispielfälle, zunächst die 50 Jahre alte Arbeitnehmerin, deren Mutter Nacht für Nacht in die Wohnung und ins Schlafzimmer ihrer Tochter kommt, um zu fragen, ob sie jetzt aufstehen muss. In ihrem Fall ist es Teil der Unternehmenskultur, dass die Verantwortlichen jeweils genau auf den Einzelfall schauen und mit dem Betroffenen abgestimmte Maßnahmen anbieten.

Mit ihrem Vorgesetzten hat die Mitarbeiterin nun zweierlei besprochen: Erstens wurde ihre Pausenzeit ausgeweitet. Für sie gilt nun eine individuelle Pausenzeit, bei der sie sich jeden Tag neu entscheiden kann, ob sie sie in Anspruch nehmen möchte oder nicht. Wenn nötig, kann sie bis zu 90 Minuten Pausenzeit für sich beanspruchen. Dafür bleibt sie jeden Tag eine halbe Stunde länger im Büro, was sich auf ihre Situation daheim, wie sie sagte, nicht negativ auswirkt. Zweitens hat der Vorgesetzte der Mitarbeiterin eine Mitgliedskarte des Firmen-Fitness-Verbunds besorgt und sie ermuntert, ihre Pausenzeit im nahe gelegenen Fitnessstudio zu verbringen. Dort gibt es nicht nur Geräte zur körperlichen Ertüchtigung, sondern auch einen Saunabereich samt dazugehörigem Entspannungsraum. Und genau dort ist die Mitarbeiterin nun gelegentlich anzutreffen, wenn sie nach einer kurzen Runde auf dem Crosswalker ein kleines wohltuendes zusätzliches Nickerchen hält. Seit sie auf diese Weise ihr negativ belastetes Schlafkonto ausgleicht, kann sie wieder konzentrierter und ausgeglichener ihrer Arbeit nachgehen. Die Kollegen tragen das gerne mit, weil sie selbst spüren, wie ein Stück allgemeiner Anspannung von der Kollegin – und damit letztlich vom ganzen Team – gefallen ist. Hier wurde mit wenigen Mitteln viel erreicht. Zwar ist allen klar, dass sich die Situation vielleicht verschärfen wird, wenn die Demenz der Mutter andere Anforderungen mit sich bringt. Vorerst jedoch hat die 50-jährige Mitarbeiterin eine neue innere Sicherheit und ein Vertrauen darauf gewonnen, dass es auch dann passende Lösungen geben könnte. Wichtig ist, dass der Abteilungsleiter regelmäßig mit der Frau und den indirekt betroffenen Kollegen Rücksprache hält, ob die Regelung weiterhin für alle hilfreich und tragbar ist.

Ebenso bedacht und unterstützend handelte der Vorgesetzte des Teams des 38 Jahre alten Arbeitnehmers, der sich suizidiert hatte. Nachdem der Vorgesetzte persönlich und sofort – und nicht etwa per E-Mail und nachdem es ohnehin alle wussten – sowohl das Team als auch die anderen Abteilungen über den Tod des Kollegen informiert hatte, war die Betroffenheit groß. Deshalb lud der Teamleiter in Abstimmung mit der Personalleitung einen externen Trauerbegleiter für einen Team-Workshop ein. Für sich selbst hatte er nach einem Gespräch darüber mit seinem Team entschieden, nicht an dieser Veranstaltung teilzunehmen, um den Mitarbeitern die Chance zu geben, noch ungeschminkter alles äußern zu können, was ihnen auf der Seele lag. In dieser Veranstaltung konnten die Teilnehmer ihre eigenen Gefühle – vor allem die eigenen Schuldgefühle – äußern und ansprechen. Außerdem sprachen sie über ihre Erinnerungen an den Kollegen und hielten diese auch schriftlich auf Karten fest, die am Ende zu einem Foto des Kollegen geklebt wurden, sodass sich ein gutes und gemeinsames Erinnerungsbild ergab. Weil sich in diesem Workshop immer wieder zeigte, dass sich die Mitarbeiter irgendeine Form von Ritual oder eigener Abschiedsveranstaltung wünschten, wurde bei einer zweiten Veranstaltung, an der auch der Teamleiter teilnahm, ausgearbeitet, wie ein solcher Abschied aussehen könnte. Am Ende gestaltete das Team selbst ein kleine Zeremonie, die allen guttat. Fotos von der Veranstaltung und ein kleines Video sind nach wie vor im Intranet des Unternehmens zu finden, wodurch das Team auch seitens der gesamten Belegschaft viel Aufmerksamkeit erfuhr.

Im Fall der 27-jährigen Teamleiterin, die nach dem Verlust ihres ungeborenen Babys wieder zur Arbeit zurückkehrte, war das Team in den ersten Schritten auf sich selbst gestellt, da ja die Leiterin selbst betroffen war. Die Kollegen entschieden sich, sie am ersten Tag ihrer Rückkehr und bis auf Weiteres zu Hause abzuholen und zur Arbeit sowie nach dem Arbeitstag dorthin zurückzubringen. Das übernahm jeden Tag ein anderes Mitglied des Teams. Gemeinsam mit der Leiterin vereinbarte das Team Signale, die im gemeinsam geteilten Großraumbüro für Eindeutigkeit sorgen sollten: Legt die 27-Jährige für alle sichtbar einen farbigen Schal auf ihren Schreibtisch, will sie nicht angesprochen werden (vor allem: nicht auf den Verlust). Dagegen ist die gemeinsam geteilte Küche der Kommunikationsort, an dem über alles gesprochen werden kann. Die Mitarbeiter waren zunächst unsicher, wie weit sie gehen dürfen, was sie alles sagen dürfen, aber die Teamleiterin machte und macht es ihnen recht leicht: Sie spricht von selbst immer wieder ihren Verlust an und macht klar, dass sie darüber gerne reden möchte. Dass sie dabei gelegentlich ins Weinen kommen könnte, hatte sie gleich angekündigt, also hat das Team extra eine Pappschachtel mit Taschentüchern in die Kaffeeküche gestellt. Wenn es sie allzu sehr packt, nimmt sie sich eine Auszeit und besucht den nahe gelegenen Friedhof, wo sie sich in Kontakt mit ihrem verstorbenen Baby fühlt und in eine Art persönliches Zwiegespräch mit ihm gehen kann (übrigens etwas, das viele Menschen in einer Trauer- und Verlustkrise tun: Mit den Toten zu reden ist eher normal als ungewöhnlich). Das funktioniert recht gut so, aber das Team hat in einem Meeting auch schon darüber nachgedacht, sich vielleicht externe Beratung zu holen, weil sich ein paar der Kollegen doch weiterhin unsicher in dieser Situation fühlen und sich auf einer Metaebene Informationen darüber wünschen, wie sich Trauer eigentlich auswirkt und was sie mit Menschen macht. Dies soll demnächst Inhalt eines Workshops sein, für den das gesamte Team einen ganzen Tag lang freigestellt wird. Sowohl die Personalabteilung als auch übergeordnete Vorgesetzte haben hier ihre Bereitschaft gezeigt, dies mitzutragen und zu finanzieren. Dieser gute Umgang mit der Krise ist sicher darauf zurückzuführen, dass die Hinwendung zum einzelnen Mitarbeiter in diesem Unternehmen zum allgemeinen Umgang gehört. Daher war es für die Kollegen quasi selbstverständlich, so zu agieren, wie sie es getan haben. Das hat letztlich auch damit zu tun, dass die 27-Jährige einen solchen Kommunikations- und Führungsstil vorgelebt hatte, solange sie noch nicht von ihrer persönlichen Krise betroffen war.

In allen drei Fällen wird die schwierige private Situation weder zur Folge haben, dass es längere Krankheitsausfälle gibt, noch, dass die aktuellen Projekte nicht weiterbearbeitet werden können. Zwar wird es kleinere Verzögerungen geben, was die eine oder andere Deadline angeht – aber das lässt sich abfedern und aushalten. Maßgeblich verantwortlich dafür ist jeweils die tatsächlich hilfreiche Unternehmenskultur.

Erster Ansprechpartner Führungskraft: Womit Sie rechnen müssen

Die drei Beispiele zeigen uns eindringlich, dass ein Zusammenspiel verschiedener Kompetenzen und Fähigkeiten gefragt ist: In solchen Situationen benötigen Sie als Führungskraft vor allem ein hohes Maß an Sensibilität und Flexibilität, sodass Sie jeden Einzelfall als einen solchen betrachten können und generell den Menschen zugewandt agieren. Diese individuelle Betrachtung ist unabdingbar. Die im Folgenden beschriebenen möglichen Bedürfnisse und Verhaltensweisen können Ihnen lediglich dazu dienen, sich auf alles einzustellen.

Bezogen auf die drei Fälle Pflege, Trauer und Verlust eines Kollegen zeigen die Erfahrungswerte: Menschen, die in eine Pflegesituation geraten, wollen fast immer irgendwann ihre Arbeitszeit reduzieren, weil ihnen sonst das Organisatorische über den Kopf wächst. Menschen, bei denen nach dem Tod eines anderen Menschen eine Trauer- und Verlustkrise ausbricht, können in ein emotionales Chaos geraten, das auch den Arbeitsprozess belasten kann (aber nicht muss) – und die Wahrscheinlichkeit ist hoch, dass sie für einen gewissen Zeitraum als »krankgeschrieben« gelten. Wobei mir immer wichtig ist, zu betonen: Trauer ist keine Krankheit – und der gelbe Schein bescheinigt ja auch keine Krankheit, sondern eine »Arbeitsunfähigkeit«. Und Teams, die den Tod eines Mitglieds zu verkraften haben, brauchen danach oftmals eine besondere Betreuung, die um die nun ablaufenden Prozesse weiß und sensibel reagieren kann.

In diesen Fällen ist – wie in allen anderen denkbaren Situationen persönlicher Krisen bei Angestellten – die Führungskraft der erste Ansprechpartner. Und sie sollte es auch sein, zumal es immer auch Organisatorisches abzusprechen gilt. Manche Betroffenen gehen allerdings lieber zuerst zu einem Mitglied des Betriebsrats.

Hand aufs Herz, prüfen Sie sich bitte einmal selbst: Sind Sie als Führungskraft tatsächlich gut anzusprechen? Sind Sie verfügbar für Ihre Mitarbeiter, im Notfall auch auf kurzen Zuruf? Sind Sie anwesend, erreichbar, wissen Ihre Mitarbeiter, wie sie zu Ihnen gelangen können? Oder sind Sie eher der abwesende Chef oder Teamleiter? Stellen Sie sich diese Fragen auch als Betriebsrat. Außerdem: Wissen alle Kollegen, welches Mitglied des Betriebsrats sich als erster Ansprechpartner in privaten Krisenfälle anbietet?

Für eine erfolg- und hilfreiche Krisenintervention jedenfalls beginnt Ihre Aufgabe bei Ihrer guten Erreichbarkeit und Ihrer persönlichen Verlässlichkeit. Und weil sich die meisten Krisen nicht ankündigen und weil Ihre Mitarbeiter Sie als einen sich um sie kümmernden Menschen mehr wertschätzen als einen abwesenden, sollten Sie als Führungskraft so oder so eine verlässliche Kultur des Ansprechbarseins pflegen.

Je enger der Kontakt zu den Mitarbeitern ist, desto besser. Je selbstverständlicher Sie ohnehin mit Ihren Mitarbeitern in einem Austausch darüber stehen, was so los ist im Leben, beispielsweise durch Small Talk auf dem Flur, desto besser können Sie auch von sich aus einmal nachfragen.

Ein Mitarbeiter in einer Krisensituation wird Sie jedenfalls ansprechen und um ein Gespräch bitten; er wird wahrscheinlich den konkreten Grund und gegebenenfalls auch ein Anliegen noch nicht nennen, aber Sie werden ein Stichwort haben, also im Groben wissen, worum es geht.

Rechnen Sie mit einer hohen Emotionalität, die ein solches Gespräch mit sich bringen kann. Der Betroffene wird seinen Zustand entweder mühsam unterdrücken, was ihn viel Kraft kosten kann, oder seine Ergriffenheit bricht tatsächlich aus ihm heraus.

Sie sollten als Gesprächsführer Ihre eigenen Grenzen und Belastungen aufgrund eigener Erlebnisse kennen und sich mit diesen Fragen auseinandergesetzt haben: Sind Sie eher peinlich berührt, wenn jemand vor Ihren Augen zu weinen beginnt? Können Sie das aushalten, haben Sie so etwas schon einmal erlebt? Wie erleben Sie sich als Führungskraft, welches Rollenbild wollen Sie von sich vermitteln? Wenn Sie eher der gefasste und kontrollierte Vorgesetzte sein wollen, sind Ihnen dann Gefühle in Mitarbeitergesprächen generell unangenehm? Gibt es in Ihrem Unternehmen eine Sozialberatung oder bietet Ihr Unternehmen die Möglichkeit, soziale Beratungsleistungen von extern in Anspruch zu nehmen? Je nach Schwere des Falls kann es eine gute Idee sein, einen Anbieter sozialer Beratung frühzeitig mit einzubinden beziehungsweise als weiteren Ansprechpartner zu benennen.

Stellen Sie sich – in aller Ehrlichkeit zu sich selbst – unbedingt auf Folgendes ein: Es geht bei Menschen in Krisensituationen immer um Gefühle. Falls Sie als Vorgesetzter und vielleicht auch das Umfeld, in dem Sie arbeiten, mit Gefühlen nicht gut umzugehen wissen, dann gestehen Sie sich dies ein und holen Sie sich Hilfe bei einem Kollegen oder durch professionelle Krisenbegleiter. Nicht nur für Ihren Mitarbeiter – auch für sich.

Wie die eigene Haltung Halt geben kann: Tipps für eine hilfreiche Gesprächsführung

Machen wir uns nichts vor: Menschen in einer Trauer- und Verlustkrise sind anstrengend. Menschen, die in einer Pflegesituation stecken, sind anstrengend. Diese Menschen auszuhalten ist anstrengend. Die Betroffenen können nichts dafür, sie erleben sich ja selbst als nicht immer aushaltbar, sie schämen sich vielleicht sogar dafür – aber sie sind es. Und weil solche Fälle persönlicher Betroffenheit ja ohnehin den alltäglichen Belangen in Unternehmen diametral entgegenstehen, ist es durchaus verständlich, dass Berater immer wieder erleben: Die Unternehmen sind eher genervt, was diese Themen angeht. Doch als Führungskraft oder Betriebsrat begegnen Sie unausweichlich solchen Fällen; stellen Sie sich also vorsorglich darauf ein.

Es kann Ihnen gelingen, trotz einer gewissen Scheu oder Abneigung das Gespräch mit betroffenen Angestellten zu suchen und gute, hilfreiche Gespräche mit ihnen zu führen, in denen sich die Betroffenen wahrgenommen und ernst genommen fühlen. Eignen Sie sich das an, was zahlreichen Hospiz- und Palliativkräften und uns Trauerbegleitern hilft: Entwickeln Sie eine eigene Haltung. Wer über eine klare eigene Haltung verfügt, kann Halt geben. – Was bedeutet das?

Besonders wichtig ist, dass Sie sich als Führungskraft – und das Folgende gilt ähnlich auch für Betriebsräte – in einer solchen Gesprächssituation anders verstehen als sonst. Es geht bei solchen Gesprächen mit Mitarbeitern nicht in erster Linie darum, Lösungen herbeizuführen. Ein »zackiger Entscheider« ist hierbei nicht gefragt. Es geht stattdessen vorrangig ums Zuhören – und ums Aushalten. Beides ist nicht leicht. Meiner Erfahrung nach benötigen Führungskräfte oftmals Hilfe darin, ihre Rolle des Entscheiders und Lösungsfinders zurückzustellen und sich ganz darauf einzustellen, dem Betreffenden zuzuhören und es auszuhalten, dass dieser von seinem Leid erzählt. Manchmal ist vielleicht sogar ein gutes externes Training für solcherlei Gesprächssituationen empfehlenswert. Wer aber gut zuhören und wirklich hinhören kann, der tut seinem Mitarbeiter den größten Gefallen.

Ich möchte Ihnen ein paar Beispiele aus meiner Praxis geben. Diese sollen nur als Impulse dienen und sie dürfen bitte nicht als Leitfaden oder als Übernahmeempfehlung verstanden werden. Denn es geht gerade darum, die *eigene* Haltung zu entwickeln. Und das Entwickeln einer eigenen Haltung ist ein Prozess, den jeder Mensch allein gehen und gestalten sollte. Im Firmenkontext kann dies beispielsweise in Workshops oder Seminaren geschehen.

Die erste Frage, die Sie sich immer stellen sollten, bevor Sie ein solches Gespräch mit einem in einer Krise befindlichen Mitarbeiter beginnen, sollte folgende sein: Kann ich in dieser Gesprächssituation wirklich zuhören, also zuhören im Sinn des *Hin*hörens, bei dem ich tatsächlich mit meiner Aufmerksamkeit ganz bei dem anderen bin? Bin ich innerlich ruhig und frei genug dafür? Prüfen Sie hier bitte ganz genau sowohl die äußerlichen Gegebenheiten als auch Ihre innere Verfassung: Ein zwischen etliche Termine hineingeschobenes Gespräch beispielsweise, bei dem Sie sich gedanklich längst schon von den Details des kommenden Meetings beherrschen lassen, kann nicht hilfreich sein und sogar Schaden anrichten.

Klären Sie zweitens für sich: Kann ich jetzt, in der aktuellen Situation, eine Haltung des Verstehens anbieten? Es ist immens wichtig, dass Sie zunächst einmal wirklich verstehen wollen, was Ihren Mitarbeiter beschäftigt, und dass Sie nicht einfach nur ein aus der Welt zu schaffendes Problem sehen. Berücksichtigen, nein, beherzigen Sie diesen für eine gute Gesprächsatmosphäre entscheidenden Leitsatz: Verstehen hilft. Verstehen ist die Basis eines guten Gesprächs. Und damit ist Verstehen auch die Basis einer guten Unternehmenskultur.

Also, nicht selbst reden, sondern tatsächlich hinhören. »Das möchte ich verstehen« sollte die grundsätzliche Fragehaltung sein. Denn nochmals: Allein das Verstehen kann helfen, wenn wir es mit Menschen in einer persönlichen Krise zu tun haben. Verstehen hat Wirkung.

Die dritte wesentliche Grundlage für meine Haltung in der Begleitung anderer Menschen ist folgende: Ich werde zuhören, vielleicht Fragen stellen, ich werde mitfühlend sein, empathisch, aber ich werde meinen Gesprächspartner in seinem Leiden lassen. Ich werde keine Ratschläge geben oder irgendwelche Tipps; in der Begleiter- und Therapeutenwelt gilt die alte Regel »Ratschläge sind Schläge«. Denn sie helfen Menschen in einer Krise nicht. Was ihnen hilft, ist, wenn sie reden können, jemand hinhört, zu verstehen versucht und ihr Leiden anerkennt. »Ja, ich verstehe, du leidest.«

Weiterhin wichtig an so einer unterstützenden Haltung ist: Ich kann und werde diesen Menschen mit all seinen Nöten ernst nehmen, aber ich kann nicht mit ihm in das Mitleiden einsteigen. Letztlich ist das ein Konzept, das in einem ganz simplen deutschen Wort anklingt: dem Beileid. Wir können das »Bei« für »Bei dir sein« nehmen und dann das »Leid« erkennen. Also, zusammengefasst: Ich kann bei dir sein, auch in deinem Leiden, aber ich kann und werde dir all das nicht abnehmen, weil du deinen eigenen Weg finden musst. Es ist wichtig, dieses Beileid vom Mitleid zu unterscheiden. Denn wenn ich selber ins Leiden hineingehe, kann ich unter Umständen nicht mehr Halt geben.

»Ich muss mich abgrenzen, um nahe sein zu können«, dieser Leitsatz gilt für Therapeuten in ihrer Arbeit – das bedeutet aber nicht, dass ich nicht mitfühlend sein kann.

In meiner Arbeit betrachte ich das Aushalten als wesentlich. Die Idee des gemeinsamen Ertragens von Situationen, die nicht zu ändern sind und die wir uns im Gespräch zwar anschauen, aber nicht lösen oder gar auflösen können, prägt mich bei meinem Tun mit Menschen in Krisensituationen. Dazu gehört auch, den Schmerz des anderen nicht lindern zu wollen. Ihn annehmen, aushalten, nicht kleinreden. Und kein »Aber«. Dieses Wort ist in Begleitungen tabu und sollte es auch in persönlichen Gesprächen über die Krisensituation sein.

Außerdem hilfreich und Teil meiner Haltung ist, keine Angst vor Schweigen zu haben, keine Angst vor Tiefe, keine Angst vor Tränen.

Übrigens kann es durchaus sein, dass Sie in solcherlei Gesprächen an die Grenzbereiche menschlichen Lebens stoßen. Auch wenn Sie als Führungskraft, Teamleiter oder Betriebsrat damit wohl weniger konfrontiert sein werden, ist es wichtig, darum zu wissen, dass die Menschen in Krisensituationen letztlich mit sehr tief gehenden Fragen beschäftigt sind.

Deswegen ist für mich in einer Begleitung eine wesentliche Haltung auch diese: Wie möchte ich mit Fragen umgehen, die zwar scheinbar an mich gerichtet sind, die ich aber letztlich nicht beantworten kann und die letztlich auch einen ganz anderen Adressaten haben? Da sind beispielsweise die von Trauernden sehr oft gestellten W-Fragen – die sich meistens aus der Auseinandersetzung mit dem Warum speisen.

Warum musste das geschehen, warum gerade ich, warum gerade diese Krankheit, warum gerade jetzt, oder in Fällen von Suizid beispielsweise, warum habe ich nie bemerkt, wie unglücklich dieser Mensch gewesen ist? … Solche Fragen können in Gesprächen mit Menschen in einer Trauer- und Verlustkrise auftreten und dann ist es wichtig, ihren Ursprung zu berücksichtigen: Sie entstammen der Verzweiflung und Ohnmacht, der sich ein Mensch nun ausgesetzt sieht.

Fragen sind jedoch eine tückische Sache, denn sie wecken in uns Menschen den Impuls, sie beantworten zu wollen. Oftmals sind wir so erzogen und sozialisiert, dass wir das Nicht-Beantworten einer Frage als unhöflich empfinden. Davon gilt es sich freizumachen, wenn wir mit Menschen in Krisensituationen zu tun haben. Es gibt Fragen, die wir nicht beantworten können.

Natürlich gibt es Fragen, die Sie als Führungskraft, Teamleiter oder Betriebsrat tatsächlich zu beantworten haben – aber diese Fragen ergeben sich nur aus dem Arbeitskontext oder organisatorischen Gegebenheiten. Auch diese Fragen entstammen oft dem Kontext der W-Fragen, aber es sind ganz andere Ws, nämlich ganz pragmatische, nicht an Grundfragen rührende: Wer kann meine Projekte übernehmen? Wie lange kann ich fortbleiben? Solche Fragen sind es, die selbstverständlich zwischen Ihnen und Ihrem Mitarbeiter zu besprechen sind und auf die möglichst zeitnah Antworten gegeben werden sollten.

Aber auf die großen Lebensfragen und die Warums sollten Sie sich nicht einlassen, nicht als Begleiter und erst recht nicht als Vorgesetzter. Der Hinweis darauf, dass es Fragen gibt, die einem nur das Leben selbst beantworten kann, ist unter Umständen ein gutes Stichwort, das Sie ins Gespräch einbringen können. Vielleicht passt es auch zu Ihnen und Ihrem Gesprächspartner, Folgendes von dem Dichter Rainer Maria Rilke zu erzählen: Er rät einem jungen verzweifelten Mann in einem Brief dazu, die Fragen selbst auszuhalten, sie vielleicht sogar lieb haben zu lernen: »Wenn man die Fragen lebt, lebt man vielleicht allmählich, ohne es zu merken, eines fremden Tages in die Antworten hinein«, schreibt Rilke. Und weiter: »Man muss den Dingen die eigene, stille ungestörte Entwicklung lassen, die tief von innen kommt.«[18]

Weiterhin möchte ich Sie darauf hinweisen, dass solche Gespräche kein Coaching sind und sein sollten. Die Abgrenzung zum Coaching ist wichtig. Denn bei einem Coaching geht es um das Erreichen zuvor festgelegter Ziele und um die Frage, wie sich Ressourcen und organisatorische Prozesse entsprechend steuern lassen. Das mag hilfreich sein, solange am Ende dieses Weges ein klarer Abschluss steht – ein neuer Job, ein Wechsel in einen anderen Bereich, eine Veränderung der Lebenssituation –, doch es löst keine der inneren und tieferen Fragen oder das Verzweifeltsein, vor denen Menschen in Krisensituationen oft stehen, schon gar nicht bei Trauer.

Auch hier gibt es Ausnahmen: Wenn Menschen beispielsweise in einer Pflegesituation sehr konkrete Anfragen haben, die ihre organisatorische Lage betreffen, also Arbeitszeiten, persönliche Ressourcen und so weiter, dann sind wir wieder im Bereich der pragmatisch zwischen Führungskraft und Mitarbeiter zu klärenden Vorgehensweisen und Absprachen. Hierfür können Mitarbeiter gegebenenfalls durch ein Coaching ihre Bedürfnisse und mögliche Lösungen herausfinden.

Aber je tiefer wir in den Bereich von Gram und Ohnmacht vordringen, desto weiter entfernt sind wir vom Coaching. Zwar gibt es inzwischen Berater, die ihre Angebote als ein »Trauercoaching« bewerben, aber ich kann und möchte diese beiden Begriffe nicht vermengen. Nach meiner Erfahrung wollen Menschen, die tief betroffen sind, einfach viel und oft darüber reden, wie es ihnen geht und was sie fühlen, aber nicht an Zielen arbeiten. Im Gegenteil: Die Idee, ein Ziel erreichen zu müssen, kann dann etwas Abschreckendes haben.

Schließlich noch ein wichtiger Hinweis für Ihre Gesprächsführung: Die Toten bei ihrem Namen zu nennen kann ihnen die Würde geben, die sie verdienen, und den Respekt, den die Hinterbliebenen brauchen. Das tut gut und ist wichtig, je näher und enger die betroffenen Mitarbeiter mit den Gestorbenen verbunden waren – auch hier braucht es ein gewisses Feingefühl, um sich da heranzutasten. Ein älterer Mitarbeiter, der nach vielen Jahren der Ehe seine Frau verloren hat, wird es verkraften, wenn sein Vorgesetzter im Gespräch die Gestorbene als »Ihre Frau« bezeichnet, ja, in diesem Fall könnte das Nennen des Vornamens je nach Verhältnis der beiden Gesprächspartner zueinander unangemessen wirken, aufdringlich und deplatziert. Hat aber ein Mitarbeiter seine kleine Tochter verloren, kann es sein, dass ihm das Aussprechen des Vornamens guttut. Leider wird oft bald nach einem Tod nicht mehr über die Toten gesprochen; das ist etwas, das viele Trauernde sehr stört.

Lassen Sie mich also folgenden Appell an Sie richten: Haben Sie keine Angst vor Gefühlen und bemühen Sie sich um eine Gesprächsatmosphäre des Verstehenwollens. Damit tun Sie viel für Ihre Mitarbeiter, unterschätzen Sie dies nicht. Es ist oftmals tatsächlich das Beste, was Sie für einen Mitarbeiter in einer Krisensituation tun können.

Wie Unternehmen eine gute Krisenkultur einführen und pflegen können

Die 2015 von der Hans-Böckler-Stiftung durchgeführte Untersuchung »Wenn Mitarbeiter Angehörige pflegen: Betriebliche Wege zum Erfolg« kommt zu folgendem Fazit: »Auch in vermeintlichen Vorzeigeunternehmen scheitert die Umsetzung von Maßnahmen häufig an mangelnder Unterstützung durch einzelne Vorgesetzte oder im Kolleg/innenkreis. Dies macht Führungskräfteschulungen und die Sensibilisierung der Mitarbeiter/innen zu Kernelementen betrieblicher Vereinbarungspolitik«.[19]

Konkret bedeutet das für einen guten Umgang mit persönlichen Krisen ähnlich wie für alle Belange einer guten Unternehmenskultur: Es gilt, *alle* im Unternehmen mitzunehmen, alle dafür wachzuhalten, wie wichtig diese Prozesse sind und was jeder selbst tun kann und sollte – allen voran und zum Vorbild die Führungskräfte. Wenn Sie sich dafür entschieden haben, jeweils den einzelnen Mitarbeiter in den Blick zu nehmen, wenn Sie sich für eine grundsätzliche Mitarbeiterwertschätzung entschieden haben, auch und gerade in Zeiten der Krise, braucht es eine stetige Verinnerlichung dieser Philosophie. Das wird kaum gehen ohne in einer gewissen Regelmäßigkeit stattfindende Workshops und Klausurtagungen, zu denen idealerweise nicht nur die Führungskräfte, sondern immer wieder auch alle Angestellten eingeladen werden sollten. Zumal hinsichtlich des Umgangs mit Trauer, lebensbedrohlicher Krankheit und menschlicher Gebrechlichkeit hierzulande ja noch immer eine große Hilflosigkeit und Ratlosigkeit vorherrscht.

Genauso wichtig ist es, dass die Führungskräfte und Personaler auch im Hinblick auf ihre Selbstsorge beraten und trainiert werden. Denn es kann schnell passieren, dass sie sich von den Schicksalsgeschichten ihrer Mitarbeiter selbst überfordert fühlen; der unterstützende Umgang mit dem Leid anderer bedarf eines eigenen festen Stands.

Workshops über Mitarbeiter in Krisen oder über Trauer- und Pflegesituationen sind letztlich wie ein Rückentraining im Fitnessstudio: Sie können sehr effektiv sein und viel bringen. Wichtig ist aber, dass sie in einer guten Regelmäßigkeit angeboten werden.

Warum der direkte Vorgesetzte nicht immer als erster Ansprechpartner geeignet ist

Es gibt viele Gründe, warum ein Mitarbeiter gerade in einer Krisensituation nicht zuerst an seinen Vorgesetzen herantreten mag. Manchmal ist das Verhältnis von Mitarbeiter und Vorgesetztem ein bisschen wie eine in die Jahre gekommene Ehe: Nach jahrelangem Aufeinanderhocken oder Einander-ausgeliefert-Sein sind beide dermaßen genervt und gestresst voneinander, dass sich eine gute Gesprächsatmosphäre kaum wiederherstellen lässt. Oder man kennt sich so gut in so vielen Alltagsbelangen, dass derjenige, der an sich zuhören sollte, dem Erzähler ständig das Wort aus dem Mund nimmt oder zu wissen meint, was das Beste für den Betreffenden ist. Auch unter Kollegen kann das der Fall sein.

Manchmal müssen Teamleiter auch unangenehm sein, manchmal gibt es Ereignisse, die das Verhältnis von Vorgesetztem und Mitarbeiter stark belasten können, sodass das Vertrauensverhältnis für eine Weile getrübt ist und es beiden Beteiligten kaum möglich sein wird, ein Krisengespräch zu führen.

Und natürlich können auch Führungskräfte an ihre persönlichen Grenzen stoßen, wenn sie mit ihren Mitarbeitern über die Grenzgebiete menschlichen Lebens sprechen müssen. Je nach eigenen Erfahrungswerten oder eigenen Belastungen kann das auch bei ihnen zu Stress führen oder zu Ohnmachtsgefühlen.

Kurzum: Manchmal ist der direkte Vorgesetzte einfach nicht geeignet für ein Krisengespräch. Dann ist es immer eine gute Idee, jemand anderen mit dazuzunehmen oder soziale Berater mit einzuschalten.

Unternehmen sind zudem gut beraten, jeweils für die Pflege-, als auch für die Trauersituation sogenannte Paten zu qualifizieren, die als erste Ansprechpartner eine Art Erste Hilfe leisten können. Dieses Thema wird in dem dritten unserer in Teil 2 folgenden Praxisbeispiele näher ausgeführt.

3. GUT VORBEREITET FÜR ALLE FÄLLE: INFORMIEREN, INFORMIEREN, INFORMIEREN!

Der Bedarf an Informationen ist riesig, wenn ein Mitarbeiter in eine Krise gerät oder sich eine schwierige Situation abzuzeichnen beginnt. Manchmal reicht schon ein kleiner Anlass, wir erinnern uns an das Beispiel der Mitarbeiterin mit der beginnend demenziellen Mutter aus Kapitel 1. Dann gibt es viele Wissensfragen, also Fragen nach Fachinformationen, gesetzlichen oder firmeninternen Regelungen und Abläufen. Außerdem kommen ebenso psychosoziale Fragen auf, also beispielsweise nach der persönlichen Belastung oder wie man mit der Krise umgehen kann, welche Unterstützung es überhaupt gibt.

Sorgen Sie für fundierte, allen jederzeit zugängliche Informationen

In der Pflegesituation geht es bei einer beginnenden Überforderung häufig zunächst um Gesetze, Fördermöglichkeiten, Beratungsangebote oder Arbeitszeitmodelle; ob man sich nach psychosozialer Unterstützung erkundigen kann, darüber herrscht bei Betroffenen oft große Unsicherheit. Das trifft auf persönliche Krisen jeglicher Art zu. Seien es gesundheitliche oder psychische Krisen wie Suchterkrankungen eines Firmenangehörigen oder bei seinen Angehörigen, sei es eine Burnout- oder Boreout-Erkrankung oder schwere, zum Teil langwierige Erkrankungen wie Krebs oder Depressionen. Und natürlich werden Informationen jeder Art auch bei Scheidungen und im Fall von Tod und Trauer dringend benötigt. Denn auch den Mitarbeitern, die einen Menschen verloren haben oder auf andere Weise mit dem Tod und Abschied konfrontiert sind, tut es gut, wenn sie um die Prozesse und Gefühle wissen, die jetzt ihr Leben prägen werden, wenn sie verstehen, wie normal das sein kann, was sie vielleicht gerade zu überfahren droht.

Machen Sie alle diese Informationen – nach den großen Themengebieten geordnet – für die Angestellten in Ihrem Unternehmen leicht auffindbar und jederzeit zugänglich. Die Informationen können in Aktenordnern übersichtlich untergebracht werden, die man sich an einer zentralen Stelle ausleihen kann und/oder sie können in einem besonderen Bereich im Intranet zur Verfügung gestellt werden. In manchen Unternehmen gibt es einen »Pflegekoffer«, in dem zusätzlich auch Informationsmaterialien des Ministeriums und Bücher et cetera gesammelt werden. Dies ist natürlich auch auf die anderen Themenbereiche zu übertragen.

Ob Aktenordner oder Themenkoffer beispielsweise in der Personalabteilung oder bei einem Mitglied des Betriebsrats oder einer Vertrauensperson, die von der Belegschaft benannt wird, zugänglich gemacht werden, klären Sie am besten mit dem Betriebsrat: Manche Mitarbeiter mögen vielleicht nicht bei einer sich abzeichnenden Krise dies zuerst in der Personalabteilung durchblicken lassen, indem sie den entsprechenden Ordner ausleihen.

Wichtig ist natürlich, das Vorhandensein dieser Informationspakete immer wieder ins Bewusstsein der Mitarbeiter zu bringen, damit sie beim Auftreten einer solchen Situation genau wissen, dass es so etwas gibt, und dann darauf zurückgreifen können. Die Führungskräfte müssen so genaue Kenntnis von diesen Angeboten (was gibt es wo) haben, dass sie in Krisengesprächen fundiert darauf verweisen können.

Die Informationen sollten nach firmeninternen und allgemeinen Kriterien geordnet sein. So finden Mitarbeiter an erster Stelle alles, was es im Unternehmen bereits als Unterstützung gibt: firmeninterne Leitlinien oder Betriebsvereinbarungen zu den jeweiligen Themen, bereits gut funktionierende Vorgehensweisen, Kontaktadressen zu internen und externen Sozialberatungen und Beratern, Kontakte zu firmeninternen Ansprechpartnern und so weiter. Im zweiten Teil werden allgemeine Informationen über die gesetzlichen Regelungen, die gesundheitlichen Auswirkungen von Krisen, die Vielfalt von Beratungsangeboten, Unterstützern beispielsweise in der Gemeinde und anderen Ansprechpartnern angeboten.

Auch darüber, wer diese Materialien zusammenträgt und ständig auf dem neuesten Stand hält, ist eine gute Abstimmung zwischen Unternehmensleitung und Betriebsrat zu empfehlen. Es kann unter Umständen eine reizvolle Projektaufgabe für Auszubildende sein oder für Mitarbeiter, denen in ihren Zielvorgaben noch konkret messbare Ergebnisprojekte fehlen. Vielleicht kennen sich aber auch Mitarbeiter, die bereits von den verschiedenen Krisenfällen betroffen waren, recht gut aus und möchten diese Materialarbeit in einer Arbeitsgruppe übernehmen.

Trost, Mutmacher und Vorbilder: Wie Betroffene voneinander profitieren können

In vermutlich jedem Unternehmen gibt es einen für die Bewältigung von Krisen großen, wertvollen Wissensschatz: die Erfahrungen, die Mitarbeiter bereits gemacht haben. Dieser Fundus wird oft nicht geborgen, da man gar nicht um seine Existenz weiß. Aber er ist verfügbar und enthält viele Impulse und Anregungen. Besonders wenn Menschen, die Erfahrungen rund um Pflege und Tod und Trauer machen mussten, ihre Geschichten erzählen, beispielsweise im Intranet oder in den firmeninternen Publikationen, kann dies für aktuell Betroffene sehr hilfreich sein. Das Gefühl, mit seinem Erleben nicht allein zu sein, und die Tatsache, dass andere durch eine ähnliche Krisensituation schließlich hindurchgekommen sind, kann sehr beruhigend sein. Zwar mildern die Erfahrungen anderer die konkreten Schwierigkeiten der aktuellen Situation faktisch nicht, aber es erzeugt ein Gefühl der Gemeinsamkeit. Das ist vor allem im Bereich der Pflegesituationen besonders hilfreich, wo die Herausforderungen oft sehr ähnlich gelagert sind. Aber haben Sie auch keine Scheu, Erfahrungen Ihrer Mitarbeiter in Sachen Trauer Raum zu geben; auch hier kann es ungemein entlastend sein, zu sehen, dass es anderen vielleicht so ähnlich erging oder ergehen kann.

Trauen Sie sich also, Ihre Mitarbeiter danach zu fragen, ob sie in Ihren firmeninternen Publikationen ihre Schicksalsgeschichte erzählen mögen, ermutigen Sie Ihre Mitarbeiter, offen mit ihren Geschichten umzugehen. Andere werden es Ihnen danken. Über die positive Wirkung auf gerade Betroffene hinaus kann dadurch ein Gefühl, miteinander verbunden zu sein, entstehen, unter den Kollegen, aber eben auch mit dem Unternehmen.

Natürlich kann es vorkommen, dass ein Mitarbeiter nicht über sich erzählen und nichts über sich im Intranet lesen oder dafür schreiben möchte, da es ihm zu intim ist und zu aufdringlich. Dann sollte ihm vermittelt werden, dass das natürlich vollkommen in Ordnung ist. Doch brauchen Sie meiner Erfahrung nach keine Angst davor haben, zu fragen, eher im Gegenteil. Die meisten Menschen berichten gerne von ihrem Erleben und ihren Gefühlen, solange sie sicher sein können, dass mit ihren Erzählungen gut umgegangen wird.

Wenn Sie Erfahrungen Ihrer Mitarbeiter mit schwierigen Situationen veröffentlichen, sind zwei Fallstricke zu beachten: Natürlich birgt die Veröffentlichung der Geschichten eines Mitarbeiters auch die Chance, sich als Unternehmen positiv darzustellen, wobei das aber nicht im Vordergrund stehen darf. Indem aufgezeigt wird, wie Sie einem Mitarbeiter in seiner jeweiligen Krisensituation helfend zur Seite gestanden haben, werden auch firmenintern Ihre guten Seiten betont. Achten Sie unbedingt darauf, dass diese Berichte sachlich, nüchtern und mit der nötigen Portion Demut und Respekt geschrieben sind. Sie dürfen keine jammervollen Gefühlsarien im Stil der Regenbogenpresse sein oder als reines PR-Vehikel für das Unternehmen missbraucht werden. Das verbietet sich einfach. Und Mitarbeiter haben feine Antennen dafür, ob ihr Unternehmen ihnen wirklich Hilfe anbieten will oder ob hier vorgefertigte Schemata bearbeitet werden oder gar PR-Kosmetik betrieben werden soll. Echte Hilfe ist jedoch immer individuell, so wie Ihre Mitarbeiter und deren jeweilige Geschichten es sind. Der Mitarbeiter muss selbstverständlich vor der Veröffentlichung die finale Fassung seiner Geschichte zu lesen bekommen, sodass er ausdrücklich (schriftlich) zustimmen oder Änderungswünsche anbringen kann.

Bieten Sie firmeninterne Vorträge und Informationsveranstaltungen an

Nicht nur aktuell von einer Krise Betroffene benötigen Informationen, sondern auch alle anderen: die Mitarbeiter in der Personalabteilung, die Kollegen, ihre Vorgesetzten, die Unternehmensleitung. Sei es, damit sie fundiert Auskunft geben und weiterhelfen können, oder weil sie verstehen wollen, wie es einem Kollegen oder einem Mitarbeiter gerade geht, oder weil sie einfach wissen möchten, was sie denn tun könnten, wenn sie in eine vergleichbare Situation wie der Kollege geraten. Zudem wirkt sich die Krisensituation eines Mitarbeiters, wie bereits erwähnt, immer systemisch aus. Ist ein Mitarbeiter betroffen, sind auch alle mit ihm verbundenen Kollegen, Abteilungen und andere Systeme involviert. Gut informiert zu sein, schon einmal ohne Scheu mit schwierigen Themen in Kontakt gewesen zu sein, trägt im akuten Fall zum Verständnis und zur Akzeptanz seitens der Kollegen und ebenso der Vorgesetzten bei. Darauf kann eine erfolgreiche Krisenbewältigung gut bauen.

Hier einige Vorschläge, was Sie in Ihrem Unternehmen tun können:

- **Vortragsveranstaltungen:** Bieten Sie in regelmäßigen Abständen Vorträge und Informationsveranstaltungen zu den Themen Pflege, Trauer und Tod an. Eingeladen werden sollten grundsätzlich alle; Führungskräften sollte wegen ihrer Vorbildfunktion die Teilnahme besonders nahegelegt werden. Bieten Sie diese Veranstaltungen während der Arbeitszeit an, sodass wahrscheinlich mehr Personen davon Gebrauch machen und den Wert erkennen, als wenn Sie mit Abendveranstaltungen starten. Ja, das geht auf Kosten von Arbeitszeit, doch mit Blick auf erfolgreiche Krisenbewältigung im Ernstfall und die Unternehmenskultur sollte es Ihnen das durchaus wert sein. Die Mitarbeiter jedenfalls werden es zu schätzen wissen. Sie erfahren Wertschätzung und solche Veranstaltungen vermitteln zudem, dass das Unternehmen auch in schwierigen Zeiten seinen Mitarbeitern zur Seite steht.

  Meiner Erfahrung nach werden die ersten Veranstaltungen dieser Art eher zögerlich oder noch mit Vorbehalten besucht, doch die Akzeptanz steigt gewöhnlich.
- **Informationstage:** In manchen Unternehmen ist es üblich, jährlich oder alle zwei Jahre einen Gesundheits-Informationstag für die Mitarbeiter zu veranstalten, an dem sich in einer Art Messeformat einen ganzen Tag lang im

eigenen Haus allerlei interne wie externe Fitness-, Beratungs- oder Ernährungsangebote vorstellen. Einen solchen Informationstag können Sie auch für die Themen Pflege, Trauer, Tod und Sterben einrichten oder den Gesundheitstag um die entsprechenden Themen erweitern.

Sowohl die firmeninternen Angebote als auch externe Berater können sich hier präsentieren, sodass all dies und die Personen dahinter einmal greifbar werden, ein Gesicht bekommen und damit besser ansprechbar werden. An so einem Tag sollte auch über gesetzliche Regelungen und vielfältige weitere Hilfsangebote informiert werden: Laden Sie in der Region ansässige Trauerbegleiter, Hospizvereine und so weiter ein. Der Vorteil solcher Informationstage im Haus ist, dass jeder Mitarbeiter ganz nach zeitlicher Möglichkeit und speziellem Interesse zu den Beratern und Informanten an ihren »Messeständen« gehen kann. Zweitens ist das Angebot sehr niedrigschwellig und damit ein guter Anfang für Hilfesuchende. Krisenthemen wie Krankheit, Abhängigkeit, aber auch Pflege, Sterben und Trauer sind oft schambesetzt. Sich aufzuraffen, zu einem Vortrag zu gehen, kann einen Betroffenen viel Überwindung kosten. Ganz unverbindlich mal bei einem Informationstag herumzuschauen fällt dagegen leichter.

Kleinere Unternehmen können natürlich weder regelmäßige Vortragsangebote noch regelrechte Messetage anbieten. Überlegen Sie gegebenenfalls, mit welchem Unternehmen in Ihrer Nähe Sie gemeinsam solche gestalten können. Und vielleicht entstehen dadurch sogar über die Veranstaltungen hinaus wertvolle Netzwerke oder Austauschrunden, wie es beispielsweise der »Arbeitskreis Trauer in der Arbeitswelt« ist, der als Hamburger Institution derzeit Modellcharakter besitzt; diesen lernen Sie in Teil 2, Kapitel 11 näher kennen.

- **Moderierte Gesprächskreise:** Manche großen Unternehmen schaffen dieses Angebot allein, andere arbeiten dafür mit anderen Unternehmen oder mit den Krankenkassen zusammen. Von einer Krisensituation betroffene Mitarbeiter versammeln sich regelmäßig zu moderierten Gesprächskreisen, in denen sie sich austauschen können, in denen aber auch in Form von Vorträgen oder Exkursionen weitere Informationen angeboten werden. Diese Gesprächskreise sollten jeweils thematisch begründet sein, es sollten also für das Thema Pflege und das Thema Trauer und gegebenenfalls weitere Themen eigene Gruppen eingerichtet werden, um die unterschiedlichen Belange angemessen berücksichtigen zu können.

- **Themenpaten im Unternehmen:** Gibt es in Ihrem Unternehmen Mitarbeiter, die sich zu Themenpaten qualifizieren lassen möchten, sodass sie zum Bereich Pflege oder Trauer oder auch weiteren Themen (Familienhilfen, chronische Krankheiten, Depressionen, Abhängigkeit) als Ansprechpartner zur Verfügung stehen? Sie können betroffene Kollegen in einer Krise Informationen geben, Kontakt zu externen Unterstützern herstellen, aber auch emotional entlasten und einfach das gute Gefühl geben, dass da jemand ist, den man immer fragen kann.
- **Videoaufnahmen ins Intranet einstellen:** Einen Videofilm von firmeninternen Veranstaltungen im Intranet anzubieten ist ein Weg, den inzwischen einige Unternehmen gehen. Sei es eine Filmaufnahme der jüngsten Betriebsversammlung oder eines angebotenen Vortrags oder der Alltagsbericht eines Azubis. Das kann ebenfalls eine gute Idee sein. Wichtig ist dabei jedoch, dass die Rechtslage berücksichtigt wird – die Gefilmten müssen wissen, dass dies geschieht, und müssen dem zugestimmt haben (= Persönlichkeitsrechte). Ein Kameraschwenk ins Publikum ist demzufolge auch tabu, es sei denn, jeder Mitarbeiter hat einen Infozettel enthalten, der ihn darüber aufklärt. Meistens wird ohnehin mit einer stationären, vorab befestigten und somit unbeweglichen Kamera gearbeitet. Wird bei der Veranstaltung Musik eingesetzt, können urheberrechtliche und technische Fragen aller Art auftauchen (Stichworte: Upload-Filter, GEMA-Gebühren), hier wäre es empfehlenswert, die entsprechende Passage zu schneiden. Gleichermaßen hat natürlich ein Redner oder ein Vortragender das Urheberrecht auf das, was er sagt, weswegen es besonders wichtig ist, dass er einer Veröffentlichung – am besten schriftlich – zustimmt. Das gilt im Übrigen auch für eine bei einer Trauerfeier gehaltene Trauerrede eines externen oder firmeninternen Redners.

Ein gesondertes Wort an die Betriebsräte: Um solche Angebote in einem Unternehmen einzurichten, bedarf es beständiger Befürworter, da auch positive Ansätze einzelner Führungskräfte leicht im Unternehmensalltag untergehen. Vielleicht knüpfen Sie an die Aktivitäten im betrieblichen Gesundheitsmanagement an; diese Krisenthemen gehören unbedingt dazu.

Mit Notfallmappen gut gewappnet sein für den Ernstfall

In jedem Unternehmen gibt es Brandschutzkonzepte, die Ausstattung von Arbeitsstätten mit Feuerlöscheinrichtungen, Flucht- und Rettungsplänen et cetera für den Brandfall. Auch wenn eine persönliche Krise im Unternehmen nur in seltenen Fällen so plötzlich und akut wie ein Brand auftritt und darauf reagiert werden muss, sollten Sie in Ihrem Unternehmen in möglichen Krisenfällen schnell und richtig agieren können. Bereiten Sie sich darauf vor: Lassen Sie Notfallmappen für die verschieden Ereignisse anlegen: Tod eines Mitarbeiters – Unfall im Firmenkontext – Tod von Angehörigen der Mitarbeiter – Plötzlich eintretender Pflegefall bei Mitarbeitern und so weiter.

Diese Mappen sollten an einem Ort hinterlegt werden (beispielsweise in der Personalabteilung), der jedem, der in solchen Fällen Maßnahmen einleiten muss, bekannt ist, also in der Regel den in einzelnen Fällen zuständigen Führungskräften. In manchen Firmen wird ein Personalmitarbeiter als erste zuständige Person ernannt, der dann im jeweiligen Fall an die Führungskräfte herantritt, die aktiv werden müssen; dann arbeitet nur oder zuerst der Personalmitarbeiter mit den Notfallmappen.

Denken Sie auch daran, das firmeneigene Intranet einzubeziehen. Hier lassen sich viele Informationen gut gebündelt als Angebot hinterlegen. Für akute Notfälle wie einen Unfall am Arbeitsplatz sollten alle Firmenangehörigen über einen prominent platzierten »Notfallbutton« jederzeit zu den wichtigsten Informationen (wer ist intern zu informieren, was muss ich jetzt tun) gelangen können.

Notfallmappen sind nur hilfreich, wenn sie gut durchdacht und klar strukturiert sind. Die folgenden Informationen können in einem Notfall wichtig sein:

- Auflistung der Abteilungen und Personen, die im Unternehmen sofort informiert werden müssen
- Firmeninterne Regelungen organisatorischer Art (Freistellungen, Sonderurlaub, Lösungsbeispiele für flexible Arbeitszeitmodelle, vielleicht bereits im Unternehmen praktizierte)
- Firmeninterne Zuständigkeiten (Welche Abteilungen sind für welche Prozesse zuständig? Wer ist Ansprechpartner? Gibt es firmeninterne Themenpaten? Wo sind diese erreichbar?)
- Gesetzliche Regelungen und Hintergründe
- Im Todesfall: Angaben zur Gehaltsfortzahlung (Das sollte jeweils geregelt sein, zum Beispiel über Tarifverträge, Betriebs-/Firmenvereinbarungen, interne Absprachen – falls es nicht intern geregelt ist, wäre es ein wichtiger Schritt, das zu tun.)
- Im Todesfall: Regeln für Abteilungen (Dürfen Mitarbeiter zu Trauerfeiern gehen? Wird dies zur Arbeitszeit gezählt?)
- Im Todesfall: Beispiele für Kondolenzschreiben, Kontakt zur lokalen Zeitung für eine externe Traueranzeige, Beispiele für eine interne Traueranzeige, Intranet-Einträge (Achtung: zum individuellen Abfassen solcher Texte siehe Kapitel 8)
- Allgemeine Informationen über Pflege oder Tod und Trauer beziehungsweise Verweise darauf, wo sich diese im Unternehmen finden lassen (siehe oben, Stichworte Aktenordner, Themenkoffer)
- Kontaktdaten externer Hilfsangebote, Beratungsstellen

Solche Notfallmappen können nicht aus verfügbaren Bausteinen zusammengesetzt werden, denn die Mappen müssen zu Ihrem Unternehmen passen: zu der Struktur, den Zuständigkeiten und Verantwortlichkeiten, den firmeninternen Regelungen und, nicht zuletzt, Ihrer Unternehmenskultur.

4. KRISEN ERFORDERN INDIVIDUELLE LÖSUNGEN UND WORTE

Es ist möglich, sich flexibel auf die Bedürfnisse seiner Mitarbeiter einzustellen und zugleich geschäftlich wichtige Belange zu erfüllen. Neues auszuprobieren ist nicht nur notwendig, sondern erhöht auch die Attraktivität als Arbeitgeber.

Spezialfall Pflegesituation: Chancen und Möglichkeiten

Wer zu Hause einen Angehörigen pflegt, der ist oft vor allem vormittags an Verpflichtungen oder Termine gebunden. Da kommt die Pflegekraft, es stehen Arztbesuche an und Behörden sind zu kontaktieren – meistens wird es gegen Nachmittag ruhiger. Das bietet eine gute Lösung für die Gestaltung der Arbeitszeit: Pflegende Angestellte sind froh, wenn sie von den Vormittagsstunden entbunden sind und es ihnen ermöglicht wird, beispielsweise von 12 bis 20 Uhr zu arbeiten, während junge Eltern gerne sehr früh am Morgen arbeiten, um sich am Nachmittag um ihre Kinder kümmern zu können. In einem altersmäßig gemischten Team kann auf diese Weise eine über den Tag verteilte kontinuierliche Anwesenheit und Erreichbarkeit gesichert werden, falls das für den Arbeitsprozess wichtig, zuträglich oder zumindest nicht nachteilig ist.

Vorbildlich aufgestellt hinsichtlich der Möglichkeiten für pflegende Mitarbeiter ist der US-Konzern Facebook: Wer sich um kranke Familienmitglieder kümmern muss, kann sich dort für sechs Wochen von der Arbeit freistellen lassen. Bezahlt, wohlgemerkt.

In Österreich ist noch ein Sonderfall der Pflegesituation gesetzlich geregelt: Unter dem Stichwort »Familienhospizkarenz« geht es um die Pflege von sterbenden Familienangehörigen. Diese wurde 2002 eingeführt und 2013 noch mal überarbeitet. Demnach haben österreichische Mitarbeiter einen Rechtsanspruch auf dreierlei Anpassungen an eine Pflegesituation: Sie können ihre Arbeitszeit reduzieren, auf andere Zeiten verlagern oder sich gänzlich vom Dienst freistellen lassen für einen Zeitraum von bis zu drei Monaten, der je nach Situation um weitere drei Monate verlängert werden kann. Zudem haben sie einen Rechtsanspruch auf das »Pflegekarenzgeld«.[20]

Die Österreicher haben hiermit vorbildlich die Möglichkeit festgeschrieben, seine Arbeitszeiten individuell an die jeweilige Lage anzupassen, also wirklich dem Einzelfall entsprechend zu handeln. Wenn sich das Leben eines Angehörigen, der von einem Mitarbeiter zu Hause gepflegt wird, seinem Ende nähert, ist das die einzige Chance für den Mitarbeiter, seine Aufgabe so, wie er und der Pflegebedürftige es sich in solchen Fällen in der Regel vorstellen, zu erfüllen: nämlich zu ermöglichen, dass der Angehörige zu Hause sterben kann.

Über »Familienhospizkarenz« nachzudenken lohnt sich für jedes Unternehmen, meine ich. Sehen Sie Möglichkeiten dafür in Ihrem Unternehmen?

Umgang mit Tod und Trauer: Trauerkarenzzeit

Hinsichtlich Trauer im Arbeitsleben ist Facebook seit 2017 das vermutlich weltweit führende Unternehmen. Bis zu 20 Tage »Trauerurlaub« können sich die Angestellten dort nehmen, wenn sie einen Todesfall eines Angehörigen zu erleiden haben.[21] Damit dürfte Facebook weltweit einmalig dastehen. Hintergrund für diese Regelungen sind die sehr persönlichen Erfahrungen, die die Geschäftsführerin Sheryl Sandberg mit dem Tod ihres Mannes gemacht hat, der im Mai 2015 bei einem gemeinsamen Urlaub plötzlich und unerwartet an einer zuvor nicht erkannten Herzschwäche verstarb.[22] Ihren jüdischen Traditionen folgend, war Sandberg in den Trauermonat (»Sheloshim«) gegangen. Die religiösen Regeln sehen bei dem Tod des Ehepartners vor, dass nach der »Schiwa«, der ersten Woche, in der alles stillsteht (nicht arbeiten, nicht backen, sich nicht rasieren, nichts Körperliches tun), 30 Tage innere Trauer zu folgen haben.[23] Dass 30 Tage je nach Schwere des Trauerfalls eigentlich nicht lang genug sind, haben wir uns schon an anderer Stelle dieses Buches angesehen – doch die jüdische Tradition verlangt, dass danach das Leben wieder »normal« weitergehen solle. Denn es gilt laut Tradition dann immer das Gesetz des Lebens, das sich über den Tod stellt.

In Sandbergs persönlichem Trauerprozess waren ihr das Unternehmen Facebook und ihr Chef Mark Zuckerberg damals sehr entgegengekommen. Diese Chancen wollte sie nun auch anderen Mitarbeitern anbieten, argumentierte die Managerin seinerzeit. »Die Menschen sollten in der Lage sein, zu arbeiten und gleichzeitig für ihre Familien da zu sein«, wird Sandberg im *Business Insider* zitiert.[24]

Zum Vergleich: Gemäß den gesetzlichen Regelungen bekommt ein Mitarbeiter in Deutschland in der Regel einen bis zwei Tage frei, wenn ein direkter Angehöriger gestorben ist. Völlig unberücksichtigt bleiben dabei extreme Fälle, die aber durchaus keine Ausnahmen sind, wie beispielsweise bei den Müttern sogenannter Sternenkinder, also im Mutterleib gestorbener Kinder, die dann tot geboren werden müssen. Der Mutterschutz dieser Mitarbeiterinnen erlischt mit der Geburt eines toten Kindes. Also müssen sie nach Verlassen des Geburtsorts zurück ins Unternehmen gehen. Eine »Krankschreibung« gibt ihnen dann häufig einige Tage für sich, doch das geht an den Bedürfnissen betroffener Frauen meistens ganz und gar vorbei: Sie sind nicht krank, sondern in verzweifelter Trauer. Und denken wir auch an die Väter von Sternenkindern: Deren Trauer bekommt keinen Platz. Verglichen mit diesen Regelungen sind 20 bezahlte Tage einer »Trauerkarenz« tatsächlich bahnbrechend.

Gute Vorschläge zu diesem Thema kommen übrigens auch aus Österreich, wo die Gewerkschaft »Vida« die Idee einer solchen Karenzzeit formuliert hat. Diese »Trauerkarenzzeit« soll demnach einen gesetzlich vorgeschriebenen Mindestrahmen erhalten und an eine parallel stattfindende psychosoziale Beratung gekoppelt sein, so der Gewerkschaftsvorsitzende Roman Hebenstreit.[25]

Außerdem hat die Gewerkschaft in Zusammenarbeit mit der Firma »Rundumberatung« eine Muster-Betriebsvereinbarung entworfen, die das Thema Trauer aufnimmt.[26] Eine solche Betriebsvereinbarung kann zwischen Geschäftsführung, Personalabteilung und Betriebsrat besprochen und beschlossen werden und hätte in Deutschland wie in Österreich nach aktueller Rechtsprechung nach ihrer Einführung einen quasirechtlichen Rahmen. Sie wäre also bindend für die Vertragspartner. In Deutschland ist dies in § 77 Absatz 4 Betriebsverfassungsgesetz (BetrVG) so geregelt. Eben wegen dieses sehr bindenden Charakters lehnen oftmals vor allem die Geschäftsführungen die Einführung einer Betriebsvereinbarung ab.

Dennoch zeigt sich anhand dieser und der in Teil 2 beschriebenen Best-Practice-Beispiele: Es gibt eine gewisse Spannbreite von Möglichkeiten, die über die rein gesetzlichen Regelungen hinausgehen, für die sich ein Unternehmen aber aktiv selbst entscheiden muss. Tut es das, eröffnet es eine Menge an Chancen und Perspektiven. Aber werden diese Chancen auch genutzt?

In einer E-Mail schrieb mir die Osnabrücker Personalberaterin Angelika Mayer während der Recherchen zu diesem Buch Folgendes: »In den vergangenen Wochen habe ich mit mehreren Personalern über den Umgang mit Trauer in ihren Firmen gesprochen. Fast alle haben mit Erstaunen reagiert, da es in ihren Unternehmen keine allgemeine Handhabung für diese Problematik gibt. Einige bestätigten, dass sie diese Frage auf einer längerfristigen To-do-Liste haben. Ausgesprochene Trauerarbeit habe ich nirgends angetroffen. Man zieht sich eher auf finanzielle Regelungen zurück. Manche Tarifverträge sehen im Fall des Todes eines Mitarbeiters die Weiterzahlung seines Lohns an die Familie für eine gewisse Zeit (meist 2 bis 3 Monate) vor.«

Wie bei allem, was Tod, Trauer und Gebrechlichkeit angeht, gilt es immer, die individuellen Bedürfnisse des Betroffenen zu berücksichtigen. Dennoch gibt es ein paar Fragen und organisatorische Punkte, die vorab festgelegt werden können und auf die sich ein Unternehmen vorbereiten kann – auch und vor allem für den Fall eines gestorbenen Mitarbeiters.

- **Anwesenheit bei der Trauerfeier:** Wird diese als bezahlte Arbeitszeit gewertet? Muss sie gesondert erfasst werden? Und wie weit soll der Rahmen gesteckt werden? Wenn ein Mitarbeiter gestorben ist, dürfte klar sein, dass die unmittelbaren Kollegen und der Vorgesetzte zur Trauerfeier gehen werden. Aber was, wenn ein Angehöriger eines Kollegen gestorben ist – gelten die Regeln dann auch? Und macht es dann einen Unterschied, ob der Angehörige beispielsweise das Kind des Mitarbeiters oder eine Großmutter gewesen ist? Soll dies jeweils im Einzelfall entschieden werden? Wenn ja, durch wen?

- **Abwesenheiten im Trauerfall:** Wie viele Tage zusätzlich zur gesetzlichen Frist und Regelung sollen als Karenzzeit gewährt werden? Sollen dies bezahlte oder unbezahlte Tage sein? Soll dies jeweils im Einzelfall entschieden werden? Muss der Betroffene dies beantragen? Wenn ja, bei wem?
- **Zuwendungen und Ansprüche:** Hat ein vom Tod eines Angehörigen betroffener Mitarbeiter Anspruch auf Geldzuwendungen der Firma? Bezahlt sie beispielsweise eine Traueranzeige?

Alle Detailfragen, die wir auch schon im Kontext der Notfallmappe behandelt haben, sollten ebenfalls im Vorfeld geregelt beziehungsweise sogar durch eine Betriebsvereinbarung abgedeckt werden.

Hinsichtlich der Anwesenheit bei Trauerfeiern empfehle ich, trotz aller Regelungen eine Kultur der zwanglosen Offenheit zu pflegen. Also: Freiwilligkeit statt Verpflichtung. Wer sich mit dem Besuch einer Trauerfeier überfordert fühlt, weil er noch zu sehr an seinem eigenen Schock zu knabbern hat, der sollte sich nicht unter Druck gesetzt fühlen, dorthin gehen zu müssen. Auch hier gilt die Grundregel für den Umgang mit Tod und Trauer: Jeder sollte möglichst den für sich stimmigen Weg gehen.

Überbringen einer Todesnachricht: die Dos und Don'ts

Wenn Sie als Führungskraft vom Tod eines Mitarbeiters oder Kollegen informiert werden, kommt Ihnen die höchst sensible Aufgabe zu, diese Information an die Mitarbeiter weiterzugeben.

Zwei Dinge müssen – trotz eventuell eigener Betroffenheit – als Allererstes geschehen. Erstens: Die Personalabteilung muss diese Information erhalten, denn der Tod eines Arbeitnehmers bedeutet immer das automatische Ende des Vertragsverhältnisses, dieses muss entsprechend dokumentiert werden. Und zweitens: Wegen knapper Zeitfristen müssen umgehend die Sozialversicherungsträger informiert werden. Stellen Sie sicher, dass die Kollegen in der Personalabteilung Stillschweigen bewahren, bis Sie die Mitarbeiterschaft informiert haben.

Informieren Sie danach die Mitarbeiter. Nehmen Sie sich zuvor ein wenig Zeit, um sich selbst zu sammeln und darauf einzustellen. Beachten Sie dann Folgendes:

- **Informieren Sie persönlich, direkt und möglichst zeitnah:** Ist ein Mitarbeiter gestorben, sind Sie als Führungskraft oder Teamleiter unmittelbar gefragt. Informieren Sie Ihre Mitarbeiter möglichst mündlich über das Ereignis. Eine E-Mail reicht hier nicht. Ist Ihr Unternehmen dezentral organisiert, rufen Sie Ihre Mitarbeiter an. Viele Führungskräfte befürchten, in dieser Situation selbst ratlos, betroffen und nicht pragmatisch oder lösungsorientiert zu sein. Doch Mitarbeiter erleben es meiner Erfahrung nach eher als wertvoll, dass eine solche Grenzsituation auch für ihre sonst so kontrolliert wirkenden Führungskräfte herausfordernd ist. Haben Sie also keine Angst vor Ihrem Innenleben. Benennen Sie ruhig Ihre eigene Fassungslosigkeit und Ratlosigkeit. Das macht Sie nicht angreifbar, ganz im Gegenteil.

  Beginnen Sie mit einem Satz wie »Es ist leider meine traurige Pflicht …« oder einer ähnlichen Einleitung, die die Mitarbeiter schon durch die bekannte Floskel in die Richtung der Trauernachricht lenkt und Ihnen aber einen Moment gibt, ehe Sie den Fakt aussprechen müssen. Wichtig ist allerdings auch, dass diese erste Übermittlung der Information nicht allzu aufgeladen daherkommt durch Sätze, die eher in eine Trauerfeier gehören (»Uns wird am meisten fehlen …« et cetera). Es geht nur um die Fakten und die erste Betroffenheit aller. Diese erhalten jetzt Zeit und Raum.
- **Geschäftliche Belange gehören nicht in diese Situation:** Kurz nach dem Aussprechen einer Todesnachricht werden oft schon erste Fragen rein arbeitsorganisatorischer Natur gestellt. Manche Menschen versuchen so, vor dem Unbegreiflichen in den sicheren Alltag zu flüchten. Was ist mit den jetzt liegen bleibenden Aufgaben, die der gestorbene Mitarbeiter absolvieren sollte? Was ist mit den Deadlines, die anstehen? Wer kann einspringen? Wird das Team dauerhaft ohne zusätzliche Unterstützung auskommen müssen? Kommt jetzt etwa ein Berg an Mehrarbeit auf uns zu? Das mögen alles be-

rechtigte und auch drängende Fragen sein, je nach aktuell anstehenden Aufgaben auch sehr sensible Fragen. Doch sie alle sind vergleichsweise klein und belanglos angesichts der Größe und der Unfassbarkeit des Todes. Verständigen Sie sich mit Ihren Mitarbeitern darauf, dass Sie jetzt nicht über organisatorische Fragen sprechen, sondern dass allein der gestorbene Mitarbeiter und sein Tod nun Raum haben dürfen und dass Sie und Ihre Mitarbeiter sich die Zeit nehmen, die Nachricht aufzunehmen. Zum Besprechen organisatorischer Fragen wird noch Zeit sein, aber diese Zeit ist nicht jetzt. Denn alles andere hat in so einem Augenblick Pause.

Sie können vielleicht eine Schweigeminute anbieten und mit Ihren Mitarbeitern abklären, ob jemand einen Spaziergang machen oder vielleicht nach Hause gehen möchte. Lassen Sie die Telefone Ihrer Mitarbeiter an die Zentrale oder auf Kollegen einer anderen Abteilung umleiten. Geben Sie Ihren Mitarbeitern möglichst viele Freiheiten. Natürlich wird der betriebliche Ablauf bald weitergehen. Aber das hat Zeit. Es muss Zeit haben. Sich in einer solchen Situation ausreichend Zeit zu nehmen kann die später durch die emotionale Belastung möglicherweise folgenden Ausfälle verringern.

- **Mini-Intervention nach dem Vorbild Krankenhaus:** In manchen Einrichtungen in der Kranken- oder Altenpflege gibt es Mitarbeiter, die eine Art Mentorenfunktion ausführen. Zu ihnen können andere Mitarbeiter kommen, wenn sie ganz kurzfristig und unmittelbar nach einem Ereignis etwas besprechen wollen. Man kann sich diesen Prozess vorstellen wie eine Mini-Akutintervention nach dem Prinzip der Selbstsorge beziehungsweise der Fürsorge. Mitarbeiter können das, was sie akut beschäftigt, zur Sprache bringen, etwa: »Du, ich habe gerade etwas Schlimmes erlebt und muss das kurz mal loswerden.« Dies geschieht jedoch nur sehr kurz und in einem wenig institutionalisierten Rahmen (also ohne ein festes Büro oder Ansprechzeiten). Die Idee dabei ist, das Angebot so niederschwellig, erreichbar und akut verfügbar wie irgend möglich zu halten. »Können wir mal kurz um die Ecke gehen?«, geht eben schneller und unkomplizierter als »Kann ich dich am Montag ab 7 Uhr irgendwo erreichen?«. Das kann ein mögliches Trauma bereits in seinem Aufkommen abfedern. Wer eine Todesnachricht überbracht hat, kann seinen Mitarbeitern von dieser Mini-Intervention erzählen und anbieten, dass sie einen solchen kurzen Austausch untereinander oder auch mit dem Chef durchführen. Dabei steht allein die Frage im Raum: Wie geht es mir ganz persönlich genau jetzt in dieser Situation, was macht das eben Gehörte mit mir? Wichtig ist: Es geht nur darum, einander zuzuhören, der Betreffende soll seine Gedanken beziehungsweise Gefühle loswerden können. Es wird nicht bewertet, nicht kommentiert, das sind die »Spielregeln für die Zuhörhilfe«.

- **Ausnahmeregeln nach dem Todesfall:** In den ersten Tagen nach dem Todesfall ist die Betroffenheit oft groß. Hilfreich kann sein, für einen festzulegenden Zeitraum – etwa eine Woche – die Pausenzeiten zu verlängern, wenn möglich ohne großen Verwaltungsaufwand und bürokratische Hürden. Eventuell bestehende Bewertungssysteme von Mitarbeitern können Sie für einen gewissen Zeitraum aussetzen. Mitarbeiter, die noch von einer Todesnachricht geschockt sind, sollten sich nicht mit zu erreichenden Monats- oder Jahreszielen auseinandersetzen, das erhöht den durch die Todesnachricht bei vielen Menschen ohnehin entstehenden innerlichen Druck und kann gegebenenfalls zu Ausfällen führen, wenn das sprichwörtliche »Fass überläuft«.
- **Bieten Sie Gespräche an:** Manche Mitarbeiter werden es als hilfreich empfinden, wenn ihre Führungskraft in den Tagen nach der Todesnachricht noch einmal ein unverbindliches Gespräch anbietet, um zu hören, wie es den Mitarbeitern gerade geht. Dieses Gespräch kann eventuell auch an eine externe Kraft übergeben werden, beispielsweise einen Trauerbegleiter oder einen psychosozialen Berater. Wichtig ist, das Gesprächsangebot freiwillig zu gestalten: Manche Mitarbeiter werden es dankbar annehmen, wieder andere sind froh und dankbar, wenn sie einfach in Ruhe gelassen werden. Der Wunsch, es mit sich selbst auszumachen, ist oft groß bei Menschen, die noch nicht häufig mit Todes- und Trauerprozessen konfrontiert wurden. Das ist natürlich zu respektieren.
- **Sonderfall Suizid:** Sehr oft ist ein Suizid für die Angehörigen mit einer so großen Scham verbunden, dass sie sich dafür entscheiden, etwas anderes als offizielle Todesursache anzugeben. Mancher vermeintliche Hirnschlag, Herzinfarkt oder Unfalltod war tatsächlich ein Suizid. Das ist oftmals ein erster Versuch, mit dem Geschehen überhaupt irgendwie klarzukommen in

der Phase einer ersten großen Überforderung. Das kann Sie als der die Todesnachricht übermittelnde Botschafter unter Umständen in eine schwierige Situation bringen, wenn beispielsweise schon vielen Kollegen die wahre Todesursache bekannt ist oder der Suizid gar auf dem Firmengelände geschehen ist. Dem Wunsch der Angehörigen sollte hier jedoch unbedingt entsprochen werden – das ist meiner Erfahrung nach immer ein guter Weg. Sie sind diejenigen, die es ohnehin schwer genug haben werden, ihren weiteren Lebensweg zu gestalten. Sollte die wahre Todesursache also bereits im Mitarbeiterkreis bekannt sein, dann kommunizieren Sie offen, dass die Angehörigen großen Wert darauf legen, eine andere Todesursache anzugeben, und dass dieser Wunsch aus Gründen der Pietät respektiert werden sollte. Kommentieren Sie es nicht, wenn die Kollegen darauf spöttisch und mit Unverständnis reagieren sollten, sondern machen Sie klar, dass Sie dem Wunsch der Angehörigen folgen werden. Diese und alle anderen Fragen stehen ohnehin außerhalb des Spektrums, auf das Sie Einfluss nehmen könnten.

- **Sonderfall Tod des Firmeninhabers**: Vor allem in kleineren Unternehmen, aber zuweilen auch in größeren, ist mit dem Tod eines Firmeninhabers sofort die Frage nach der weiteren Existenz des gesamten Unternehmens verbunden. Natürlich sollte die Nachfolge geregelt sein. Darüber hinaus sollte es in Ihrem Unternehmen auch einen Krisenstab geben, der im Fall des Todes des Firmeninhabers berechtigt ist, bestimmte Maßnahmen zu ergreifen, was ebenfalls festgelegt sein muss. Dann können Sie beim Überbringen dieser sehr speziellen Todesnachricht an die Angestellten diese Zuständigkeiten und Aufgabenverteilung mitteilen. Je mehr Klarheit Sie den Angestellten parallel zur Nachricht des Todes überbringen können, weil es gut vorbereitete Regelungen gibt, umso besser. So unbequem und unangenehm es auch sein mag, für einen solchen Notfall vorzusorgen, so erforderlich und verantwortungsvoll ist es – das sei vor allem jüngeren Firmeninhabern ans Herz gelegt. Einen guten Leitfaden bietet hier beispielsweise das *Notfall-Handbuch für Unternehmen* der Handelskammer Hamburg, das 2014 herausgegeben wurde[27] und inzwischen von verschiedenen Industrie- und Handelskammern, beispielsweise der IHK-Arbeitsgemeinschaft Rheinland-Pfalz, ebenfalls aufgelegt worden ist.[28]

Das Kondolieren: passende Worte

Ist einer Ihrer Mitarbeiter oder ehemaligen Mitarbeiter gestorben, müssen Sie als Führungskraft, Teamleiter oder Personaler und in manchen Fällen auch als Betriebsrat den Angehörigen kondolieren. Das ist selbstverständlich. Die Art und Weise, wie Sie beziehungsweise das Unternehmen kondolieren, lässt vielerlei Rückschlüsse darauf zu, wie es um die Wertschätzung von Mitarbeitern und um die sozialen Fähigkeiten Ihres Unternehmens oder Ihrer Institution bestellt ist.

Zuerst ist zu klären, wer die Kondolenz übernehmen soll: Der direkte Vorgesetzte? Jemand aus der Personalabteilung? Im Falle eines gestorbenen ehemaligen Mitarbeiters die vormalige Führungskraft? Ist diese überhaupt noch im Unternehmen? Schon diese ersten Fragen machen deutlich, dass es eine Person im Unternehmen geben muss, die diese Fäden in der Hand hält und diese Prozesse steuert. Optimal und üblich ist, dass dies in der Personalabteilung angesiedelt ist.

Eine Regel, wer der geeignete Absender ist, gibt es auch hier nicht, es kommt wieder auf den Einzelfall an, aber meistens übernimmt der direkte Vorgesetzte diese Aufgabe. So wird es erwartet und so ist es allgemeiner Konsens.

Wichtig ist vor allem, dass das Kondolieren rasch geschieht. Natürlich sind Sie als Vertreter des Arbeitgebers nicht so nah an der Familie des Verstorbenen wie Freunde, Verwandte und andere Angehörige, aber doch viel näher, als Sie vielleicht denken. In der Regel haben die verstorbenen Menschen viel Zeit bei der Arbeit verbracht, manchmal sogar wesentlich mehr Zeit als zu Hause. Da ist Ihre Stimme also eine wichtige und besondere unter all den Kondolierenden. Unterschätzen Sie das bitte nicht.

Das Kondolieren erfolgt normalerweise über eine persönliche, handschriftliche Karte oder einen Brief. Wenn Ihre Handschrift tatsächlich nicht lesbar ist, schreiben Sie den Kondolenzbrief notfalls mit dem Computer, aber wenigstens die Anrede und die Schlussformel mit der Hand und die Unterschrift ja in jedem Fall. Erklären Sie dieses Vorgehen dann offen, entschuldigen Sie sich für das Schreiben mit der Maschine – aus eigener Erfahrung weiß ich, dass dies ein guter Ausweg ist. Meistens wähle ich die Formulierung: »Weil viele meine Handschrift als Zumutung empfinden, ist es am Ende doch höflicher, Ihnen dieses Schreiben leserlich zu übermitteln.« Eine andere Möglichkeit ist, dem mit der Hand geschriebenen Brief eine mit der Maschine getippte Abschrift als Lesehilfe beizulegen.

Ein Trauerbesuch bei den Angehörigen kann als besondere Wertschätzung oder als unangemessen aufdringlich erlebt werden. Hier ist Fingerspitzengefühl gefragt und es kommt es ein bisschen auf die näheren Umstände an. Erkundigen Sie sich vielleicht einfach offen bei dem nächsten Angehörigen, ob ein Besuch willkommen ist. Eine Karte zu schicken sollte jedoch immer der erste Schritt sein.

Bezüglich des Inhalts sollten Sie beherzigen: Tragen Sie nicht zu dick auf, bringen Sie nicht zu viel Pathos oder altehrwürdige Zitate ein, schreiben Sie auch nicht zu sachlich. Gerade als Vertreter einer Unternehmung oder Institution kann es unangebracht sein, die großen Stimmen Goethe und Co. zu bemühen. Eine gute Leitlinie ist, eher schlicht zu schreiben. Wie bei der Todesanzeige geht es hier um eine persönliche Würdigung eines Mitarbeiters, nicht um das Aufzählen seiner Stationen und Leistungen im Stil eines Arbeitszeugnisses – Letzteres ist im Kondolenzschreiben absolut unpassend. Gefragt ist: Wie haben Sie selbst diesen Mitarbeiter erlebt, was hat er Positives beigetragen?

Versuchen Sie am besten, Ihre ganz persönlichen Worte zu finden. Vielleicht hilft es Ihnen, wenn Sie vorab eine Liste der Eigenschaften anfertigen, die Sie an dem gestorbenen Mitarbeiter als positiv erlebt haben, und wenn Sie diese dann benennen. Dies erleichtert Ihnen den Zugang zu den passenden Worten auch bei schwierigen Schreiben, wenn der Verstorbene etwa unter Krankheiten oder einer Sucht gelitten hat.

Viele Menschen schrecken heutzutage vor der Formulierung »Mein Beileid« zurück, die ich – wie ich bereits in Kapitel 2 im Zusammenhang mit der Gesprächshaltung erläutert habe – sehr schätze. Ich wurde schon oft gefragt, ob man diese Formulierung nutzen sollte, wenn sich das vermeintlich dazugehörige Gefühl nicht wirklich einstellt. Ich meine, man kann es durchaus verwenden, denn das »Beileid« dient jenseits der zutiefst inneren Gefühle als fester Ausdruck, wenn wir dem Betroffenen einen guten Gedanken vermitteln wollen, für den wir vielleicht kein anderes Wort finden. Es ist ein kraftvolles Wörtchen, das ganz zu Unrecht diese Anmutung des Verstaubten, Unpassenden erhalten hat.

Fraglich finde ich nur, ob dieses »Beileid« mit einem Adjektiv versehen werden sollte. Wenn es Ihnen ganz ehrlich damit ist, können Sie »Mein aufrichtiges Beileid« oder »herzliches Beileid« formulieren. Die Superlative eines »allerherzlichsten« oder »aufrichtigsten« Beileids stehen Ihnen als Vertreter des Arbeitgebers wahrscheinlich nicht zu; ich halte sie ohnehin für inhaltlich fragwürdig. Auch hier gilt jedenfalls: Nicht übertreiben und im Zweifel eher schlichter, dann wird es stärker.

Ein sinnvoller Aufbau einer solchen Kondolenzkarte ist meist, nach der persönlichen Anrede und einer ersten Beileidsbekundung etwas Persönliches folgen zu lassen, eine positive Erinnerung an den gestorbenen Kollegen, etwas, das ihn für Sie ausgezeichnet hat.

Am Ende folgen in der Regel gute Wünsche für die Angehörigen. Oft wird hier die Formulierung, man wünsche »viel Kraft« genutzt. Meiner Erfahrung zufolge haben die wenigsten Trauernden Probleme damit, nicht genug Kraft zu haben, gerade in diesen Tagen der ersten Organisationsaufgaben oder auch danach, aller Ohnmacht zum Trotz. Was sie aber oft erleben, ist ein Mangel an Solidarität. Ich selbst bevorzuge es daher, an dieser Stelle etwas an Gemeinsamkeit auszudrücken, ein kleines Solidaritätsbekunden: »Ich bin mit Ihnen traurig und fassungslos und ich denke an Sie«, zum Beispiel.

Drücken Sie im Kondolenzschreiben und vor allem im Trauergespräch getrost auch die eigene Befangenheit aus. Das ist besser, als vor lauter eigener Unsicherheit nichts zu sagen.

Als Schlussformel stehen verschiedene Möglichkeiten zur Auswahl. Die Bloggerin und Buchautorin Silke Szymura hat ihren Blog »In lauter Trauer« genannt statt »In stiller Trauer«, weil sie ihren eigenen Trauerprozess nach dem Tod ihres Freundes eben als alles Mögliche erlebt hat, aber niemals als still. Weil wir also nicht wissen können, wie viel Aufruhr in den Angehörigen gerade herrscht, ist das Wort »still« vielleicht unpassend. Denn auch in uns selbst ist es vermutlich gerade nicht so still, wenn wir eine Kondolenzkarte oder einen Brief formulieren, oder?

Finden Sie eine Alternative: »In herzlicher Anteilnahme«, zum Beispiel, ist schön schlicht und doch zugewandt. »Mit tiefem Mitgefühl« oder, wenn es noch ein bisschen gefühlvoller sein soll, »In trauriger Verbundenheit« sind gute Formulierungen.

Bieten Sie den Angehörigen nur Hilfen an, wenn gesichert ist, dass diese auch wirklich geleistet werden wird. Was Sie aber bereits ankündigen *können*, so Sie es denn auch wirklich tun werden, ist, dass Sie den Angehörigen den persönlichen Besitz des gestorbenen Mitarbeiters nach Hause bringen werden. Um diesen geht es ausführlich in Kapitel 7.

Ein Detail noch zum Zustellprozess Ihrer Kondolenzpost: Versehen Sie die persönliche Trauerpost mit einer passenden Briefmarke, nicht etwa mit einem technischen Stempel oder einer womöglich durch Unachtsamkeit schief aufgeklebten Briefmarke mit unpassendem Motiv.

5. WENN EIN MITARBEITER VERSTORBEN IST: MATERIALIEN, RÄUME UND RITUALE

Wenn ein Mitarbeiter gestorben ist, ist der Arbeitsplatz des Verstorbenen für viele zunächst einmal ein Problem. »Dort hat er gesessen, er fehlt uns so sehr.« – »Was geschieht jetzt damit?« – »Ich kann mir gar nicht vorstellen, dass da bald jemand ganz anderes sitzt.« Diese Gedanken haben Ihre Mitarbeiter, die mit dem Verstorbenen zusammengearbeitet und vielleicht sogar das Büro mit ihm geteilt haben. Hier können Sie sensibel reagieren: Möglicherweise steht schon kurz nach der Todesnachricht ein Blumenstrauß auf dem Schreibtisch, ein paar Tage später ein Foto des Verstorbenen. Man kann auch einen Trauerflor über den Bildrahmen oder den Monitor spannen.

Der Arbeitsplatz des Verstorbenen: Was geschieht damit?

Sprechen Sie mit Ihren Mitarbeitern darüber, wie sie den Verstorbenen würdigen wollen, wie sie ihrer Trauer Ausdruck geben wollen. Es wird ihnen helfen, die traurige Tatsache anzunehmen. Selbstverständlich kann der Arbeitsplatz nicht auf Dauer zu einer Art Trauerstätte werden. So gehört die Auflösung des Platzes zu einem sinnvollen und hilfreichen Ritual ebenfalls dazu – Näheres hierzu erfahren Sie in Kapitel 7. Mit Ihren Mitarbeitern können Sie besprechen, ob der Arbeitsplatz oder ein anderer Platz im Unternehmen, den der Verstorbene vielleicht gerne mochte und an dem trauernde Kollegen etwas Ruhe und Rückzug finden, der richtige Ort dafür ist.

Manche Firmen richten im Todesfall einen eigenen Kondolenzbereich ein, zumal ja gar nicht alle Mitarbeiter einen festen Büroplatz haben, so beispielsweise die Busfahrer der Verkehrsbetriebe Hamburg-Holstein GmbH in unserem Beispiel in Teil 2, Kapitel 13. Auf einen separaten Tisch wird dann meist ein Foto des gestorbenen Mitarbeiters gestellt, es wird ein Kondolenzbuch ausgelegt und es gibt einen angemessenen Schmuck. Ein solcher Kondolenzbereich sollte an einem angenehmen und ruhigen Ort, nicht etwa in einer dunklen und zugigen oder versteckt liegenden Ecke eingerichtet werden. Blumen, eine Kerze oder, abhängig von den Brandschutzbestimmungen im Unternehmen, eine LED-Kerze und Ähnliches steuern die Kollegen wahrscheinlich gerne bei. Vielleicht machen befreundete Kollegen von dem Kondolenzbereich Fotos, die später an die Angehörigen verschickt werden können.

Am Arbeitsplatz des Verstorbenen oder im Kondolenzbereich kann auch ein gebundenes Blanko-Notizbuch ausgelegt werden – als Kondolenzbuch, in das sich jeder, der mag, mit ein paar Zeilen oder Worten eintragen kann. Dieses Buch sollte nach einer angemessenen Auslagezeit den Angehörigen übermittelt werden. Das ist eine sehr schöne und tröstende Geste.

Wenn Sie als Teamleiter oder Betriebsrat so ein Kondolenzbuch anregen, vermitteln Sie gleich, dass es gar nicht viel sein muss, was in dieses Buch geschrieben wird. Es reicht auch, wenn sich Kollegen nur mit ihrem Namen eintragen.

Auch das Intranet kann für Formen des Gedenkens genutzt werden. Der Vorteil ist hierbei, dass es dort keine zeitliche Begrenzung gibt.

Die Kraft der Rituale nutzen

Ein Feierabendgetränk, das in gemeinsamer Runde, aber im Schweigen getrunken wird, vielleicht in der Nähe des Portraitfotos eines gestorbenen Mitarbeiters, vielleicht an seinem Arbeitsplatz – das ist eine kleine Geste, die sehr positiv wirken kann, und alle können dabei mitmachen. Es braucht gar nicht so viel für einen guten Umgang mit der Trauer. Ein kurzes gemeinsames Innehalten am Spind oder am Schreibtisch des Verstorbenen, das Aufstellen eines Fotos des Kollegen plus Schweigeminute, so etwas ist rasch organisiert und hilft dabei, das Geschehene allmählich zu begreifen.

Die Wirkung, die schon ein kleines Ritual haben kann, sollte nicht unterschätzt werden: In der Trauerbegleitung arbeiten wir viel mit Ritualen und empfehlen Menschen in einer Trauer- und Verlustkrise, ihre jeweiligen Jahrestage (Todestage, Geburtstage der Gestorbenen und so weiter) mit kleinen Ritualen zu begehen. Das wird oft als sinnvolle und wohltuende Gestaltungsmöglichkeit erlebt, während in der Verlustsituation ansonsten so viel Ohnmacht und Lähmung empfunden wird. Manchmal reicht es, gemeinsam am Grab eine Kerze anzuzünden – auch das ist schon ein Ritual.

Auch Trauerfeiern sind ein wirkmächtiges Ritual, denn sie bieten etwas stark Verbindendes in der Trauer sowie Möglichkeiten der Mitwirkung für viele. Zudem setzen sie eine Art Schlusspunkt und geben das Gefühl eines guten Abschlusses – vorausgesetzt, sie gelingen.

Wenn wir im Folgenden von firmeninternen Trauerfeiern sprechen, dann müssen dafür keine Bühnen angemietet und Tontechniker beauftragt werden, wie es beispielsweise im Oktober 2011 bei der Firmen-Trauerfeier für Apple-Gründer Steve Jobs geschehen ist, bei der sogar die Band Coldplay auftrat und bei der sich alle in der Zentrale arbeitenden Apple-Mitarbeiter auf dem Innenhof versammelten.[29] Auch im Kleinen kann der Effekt ganz groß sein.

Wie kann so eine firmeninterne Trauerfeier aussehen? Was ist sinnvoll, was eher nicht? Hier einige Ideen und Impulse:

- **Lösen Sie sich vom Kirchenvorbild:** Der Begriff »Trauerfeier« weckt in unserer Gesellschaft noch allerlei Assoziationen, die sich fast ausschließlich aus dem Kirchenkontext speisen. Orgelmusik, getragene Atmosphäre, Predigten, all das sind Eindrücke, die einem sofort in den Sinn kommen. Eine firmeninterne Trauerfeier darf sich allerdings davon entfernen – sie muss in ihrer Gestaltung zu dem Unternehmen sowie zu seiner Belegschaft passen. Auch hier sei das Beispiel der Steve-Jobs-Trauerfeier erwähnt: Die vor der Bühne versammelten Mitarbeiter johlen, pfeifen und klatschen, als Apple-Chef Tim Cook die Bühne betritt. Auf Gebete oder andere kirchliche Einlagen wird gänzlich verzichtet – und das im so christlich geprägten Amerika. Das hat insgesamt mehr etwas von Rockkonzert als von Trauerfeier, aber es passt perfekt zur Apple-Kultur.

- **Eine Feier kann mehrere Würdigungen beziehungsweise verstorbene Mitarbeiter in den Blick nehmen:** Je nach Größe des Unternehmens haben Sie es als Mitglied der Geschäftsleitung, der Personalabteilung oder des Betriebsrats, vielleicht auch als Führungskraft, womöglich mit mehreren Todesfällen im Jahr zu tun. Das sind wahrscheinlich weniger derzeitige Mitarbeiter als ausgeschiedene Mitarbeiter im Ruhestand, doch es wird noch Kollegen geben, die sich sehr gut an diese ehemaligen Kollegen erinnern und denen der Verlust ebenfalls etwas bedeutet. Dementsprechend kann es eine gute Idee sein, eine firmeninterne Trauerfeier als regelmäßige Einrichtung zu etablieren – vielleicht einmal im Jahr oder in zwei Jahren – und dabei aller verstorbenen Mitarbeiter zu gedenken. So wie in vielen Firmen bei den Ehrungen langjähriger Mitarbeiter diesen etwas Persönliches und Nettes gesagt wird, kann auch bei einer firmeninternen Trauerfeier eine Würdigung der gestorbenen Mitarbeiter gestaltet werden.
- **Freiwillige Teilnahme, aber bezahlte Arbeitszeit:** Eine Trauerfeier sollte immer als bezahlte Arbeitszeit gelten, aber die Teilnahme daran sollte freiwillig bleiben. Wenn sich jemand zu einem Gedenken gezwungen fühlt, dem es nicht ernst damit ist, der strahlt das auf die ganze Veranstaltung ab.
- **Mitarbeiter bei der Gestaltung mitwirken lassen:** Die Menschen, die den engsten Draht zu den gestorbenen Mitarbeitern gehabt haben, sind ganz sicher die engsten Kollegen. Ihnen ist es vielleicht ein Bedürfnis, an der Gestaltung mitzuwirken, jedenfalls wird es ihnen guttun, wenn sie gefragt werden. Vielleicht können die Kollegen von gewissen Besonderheiten oder charakterlichen Eigenschaften erzählen, die eine solche Feier beleben, auch wenn die Kollegen vielleicht nicht selbst aktiv mitwirken wollen. Eine kleine Laudatio auf jeden der zu würdigenden gestorbenen Mitarbeiter zu halten zeigt auf sehr verbindende Weise die Wertschätzung für jeden.
- **Angehörige einladen:** Die Angehörigen der Verstorbenen zu einer solchen firmeninternen Feier einzuladen, wird ihnen wahrscheinlich guttun. Menschen in einer Trauer- und Verlustkrise sind besonders sensibel und nehmen so ein Zeichen dankbar an.

- **Keine allzu religiösen Bezüge:** Eine Firmenfeier ist auf jeden Fall eine weltliche Feier (vorausgesetzt, es handelt sich nicht um eine kirchliche Einrichtung, versteht sich) und sollte als solche gestaltet sein. Pastoren, Predigten, Gebete, kirchliche Gesänge, das alles gehört nicht in einen Firmenkontext, es würde sich – für mich als Gast – falsch anfühlen. Zudem vereinen Sie in Ihrem Unternehmen vermutlich die verschiedensten Glaubensüberzeugungen. Was als Alternative in die Gestaltung mit aufgenommen werden kann, sind Momente der Stille, die jeder Teilnehmer für sich so füllen kann, wie er das mag – wer möchte, kann sich einem stillen Gebet zuwenden.
- **Es darf auch gelacht werden:** Hier ist die Trauerfeier für Steve Jobs ein schönes Vorbild. Dort hält der Apple-Designer Jonathan Ive eine Rede, in der er ebenso humorvoll wie bewegend auf die Ideen eingeht, die Steve Jobs an ihn herangetragen hatte. Oder in der er sich daran erinnert, dass Steve Jobs nie mit einem Hotel zufrieden war – weswegen sich Ive selbst irgendwann abgewöhnt hatte, nach dem Einchecken seine Taschen auszupacken. Eine mit derart lustigen Details ausgeschmückte Rede ist natürlich Gold wert und trägt zum Gelingen eines solchen Unterfangens bei. Wenn wir uns an die Menschen erinnern, die einen Teil des Weges mit uns gegangen sind, dürfen wir uns auch an die witzigen Ereignisse erinnern.
- **Nutzen Sie das bereits vorhandene Material:** Denken Sie dabei an Fotos vom vielleicht für einen Mitarbeiter eingerichteten Kondolenzbereich, eventuell an Fotos vom dort ausliegenden Kondolenzbuch, natürlich an die sicher vorhandenen Portraitfotos der Mitarbeiter, vielleicht an Fotos von Firmenfeiern, -ausflügen und so weiter.
- **Nehmen Sie die Trauerfeier auf Video auf:** Vielleicht gibt es eine Möglichkeit, dieses Ereignis in Ihr firmeneigenes Intranet einzustellen, sodass auch alle Mitarbeiter, die gerne teilgenommen hätten, aber im Urlaub oder anderweitig verhindert waren, noch daran teilhaben können.
- **Holen Sie sich Hilfe von extern:** Wenn Sie sich mit der Gestaltung einer firmeninternen Trauerfeier überfordert fühlen oder wenn Sie das Gefühl haben, dass es noch einen eloquenten Redner bräuchte, den es vielleicht in Ihrem Unternehmen gerade nicht gibt, halten Sie Ausschau nach freien Ritual-

gestaltern oder freien Rednern aus dem Bereich Trauer, aber auch Hochzeit oder Ähnliches. In der Auftragsklärung mit einem solchen Dienstleister können Sie das gewünschte Profil klar umreißen: Soll er Ihnen als Ritualgestalter auch bei der Gestaltung der Feier an sich behilflich sein oder reicht es Ihnen, wenn der Redner oder auch Moderator bestimmte Parts übernimmt?

Was das Intranet zusätzlich leisten kann

Das Intranet ist ein wichtiges und wesentliches Werkzeug in der heutigen Unternehmenswelt, mit dem sich auch viel Gutes gestalten lässt für den Fall, dass Mitarbeiter eine Krise erleben.

Doch eins sei hier gleich vorangeschickt: Selbst Firmen, die über ein optimal gestaltetes Intranet verfügen, das den Angestellten nicht nur notwendige, sondern auch interessante Inhalte bietet, müssen manche ihrer Mitarbeiter immer wieder dazu ermuntern, dort einmal hineinzuschauen. Dies geschieht am besten durch Newsletter, die per E-Mail an die Belegschaft verschickt werden, oder Ähnliches.

In Kapitel 3 habe ich im Zusammenhang mit Informationen für die verschiedenen Arten von Krisen bereits darauf hingewiesen, dass hier das Intranet genutzt werden kann. Das ist überaus nützlich und praktisch. Der folgende Vorschlag kommt vor allem den inneren, den psychosozialen Bedürfnissen Ihrer Mitarbeiter entgegen.

Schaffen Sie einen Bereich im Intranet, der beispielsweise »In dankbarer Erinnerung« heißt und in dem die Todesanzeigen und vielleicht weitere Informationen (Fotos vor allem) über gestorbene Mitarbeiter gesammelt werden, sodass sie jederzeit aufzurufen sind. Dies trägt ganz unmittelbar zur Pflege eines ehrenden Andenkens bei und es dient einem Gefühl der Gemeinschaft, des »Wir«.

Nicht zu unterschätzen in ihrer Bedeutung sind auch die Todestage der Mitarbeiter. »Heute vor einem Jahr starb unser Mitarbeiter Erwin Mustermann, an den wir uns gerne erinnern«: Wenn ein solcher Satz im Intranet auftaucht, gekoppelt an die Möglichkeit, per Mausklick noch einmal auf die Kondolenzseite des Mitarbeiters zu klicken, wird dadurch nicht nur eine wertschätzende Erinnerungskultur gepflegt, es holt auch die besonders von dem Tod betroffenen Mitarbeiter genau dort ab, wo sie mit ihren Gedanken und Gefühlen gerade stehen.

Sollte Ihr Intranet zur Interaktion geöffnet sein, sperren Sie dies jedenfalls für den Trauerbereich, um Entgleisungen vorzubeugen. Nehmen Sie auch Abstand von dem Gedanken einer Kondolenzseite im Intranet; die Erfahrungen hiermit sind leider oft nicht gut. Hier sind, so meine ich, mit der Hand auszufüllende, also ganz klassische Kondolenzbücher die bessere Wahl.

Übrigens: Das Intranet muss nicht an eine Website und damit an einen festen PC gebunden sein. Verkehrsbetriebe beispielsweise mit ihren mobilen, Fahrzeuge steuernden Mitarbeitern sowie Firmen mit vielen Außendienstlern gehen heute oft dazu über, diesen Informationskanal auch als Handy-App anzubieten. So können interne Informationen mobil gemacht werden, auch alle hier erwähnten.

Welche Räume es bräuchte: eine Wunschvorstellung

Einen »Raum der Stille« sollte es nicht nur in Krankenhäusern oder auf Flughäfen geben, sondern auch in größeren Firmen und Unternehmungen. Ich bin mir bewusst, dass ich mit einer solchen Idee vermutlich bei vielen Führungskräften Kopfschütteln hervorrufe. Doch ich halte solche Räume für eine wesentliche Einrichtung, die maßgeblich zur emotionalen Stabilität beitragen kann – und damit wiederum zum Vermeiden längerer Ausfälle. Ein solcher Raum ist dabei immer als eine überkonfessionelle Einrichtung zu verstehen, sollte also keinerlei religiöse Symbole enthalten und durch eine freundliche, aber zurückhaltende Ausstattung Ruhe vermitteln. Denn darum geht es: Kurzzeitig zur Ruhe zu kommen, sich zu sammeln, aber auch seinen Gefühlen einmal kurz Raum zu geben an einem Ort, der nicht so überlaufen ist wie beispielsweise ein Großraumbüro. Deswegen ist ein solcher Raum der Stille gerade in Zeiten persönlicher Krisen eine wertvolle Unterstützung. Er bietet Rückzugsmöglichkeiten und – eben Stille.

In Filmen sehen wir das oft: Jemand rennt zum Weinen in die Toilette, weil es sonst keine anderen Räume dafür gibt. Dies geschieht vor allem in einer Umgebung, in der eine nach außen gezeigte Fassung zum allgemeinen Umgangston gehört, also vor allem im Berufsleben. Viele von uns haben eine solche Situation aber sicher auch schon in der Realität erlebt. Ich erinnere mich an eine Kollegin, die telefonisch eine schlechte private Nachricht erhalten hatte, einen Auszubildenden, dessen Projekt zu keinem nennenswerten Ergebnis geführt hat, und mancherlei andere Situationen dieser Art. Manchmal hilft nur ein sofortiger kurzzeitiger Rückzug.

Bei den eben genannten Beispielen handelt es sich um kurze emotionale Eruptionen, die sich in der Regel rasch wieder beruhigen. Bei seelischen Krisen, die mit Verantwortung für einen Angehörigen, Krankheit oder Tod zusammenhängen, die also die Grenzbereiche des Lebens betreffen, ist das Bedürfnis nach einem freundlichen und leicht erreichbaren Rückzugsraum immer wieder groß. Wenn sich in Ihrem Unternehmen dafür nur ein Waschraum anbietet oder eine in der Nähe gelegene Kirche, ist das etwas, worüber Sie nachdenken beziehungsweise die Verantwortlichen in Ihrem Unternehmen zum Nachdenken anregen sollten.

In der Politik ist diese Idee längst angekommen: Nicht nur der Reichstag in Berlin mit seinem dafür gedachten Andachtsraum[30], sondern auch mehrere Landtagsgebäude verfügen mittlerweile über einen »Raum der Stille«, der den Abgeordneten in Zeiten hektischer Betriebsamkeit einen Moment der Ruhe, des Insichkehrens und des Zusichkommens ermöglichen soll. Solche Räume lassen sich beispielsweise in den Landtagsgebäuden von Bayern[31], Baden-Württemberg[32], Nordrhein-Westfalen[33], Thüringen[34] und Sachsen[35] finden.

Auch in manchen Polizeipräsidien sind inzwischen Räume der Stille zu finden – so ist beispielsweise ein entsprechender Raum in der Erfurter Polizeidirektion eingerichtet worden, zehn Jahre nach dem bundesweit für Aufregung sorgenden Amoklauf am dortigen Gutenberggymnasium[36], eben aus dieser Lernerfahrung heraus, dass selbst gestandene Polizisten nach harten Einsätzen eine Möglichkeit für Rückzug und Ruhe brauchen. Aber auch in Köln[37] oder in Krefeld[38] haben Polizisten nach fordernden Einsätzen die Möglichkeit, sich in einen Raum der Stille zurückzuziehen. Hier dienen diese Räumlichkeiten also einer akuten Krisenintervention, vergleichbar mit einer Seelsorge. Das ist gut so.

Und in Unternehmen? Da wird die Auswahl schon geringer. Einen sehr modernen und ansprechenden »Raum der Stille« mit einer beeindruckenden Architektur inklusive eines über einem schwebenden und innen offenen Metallquaders gibt es in der Konzernzentrale von ThyssenKrupp in Essen.[39] Sehenswert ist dieser sich über mehrere Etagen Höhe erstreckende Raum vor allem wegen seiner Architektur, die ein eindrucksvoller Beweis dafür ist, dass es für einen »Raum der Stille« gar nicht immer die ansonsten gern gewählte Kapellenoptik sein muss.

Aber hier sei noch mal betont, dass ein ganz normaler, schlichter Raum, der freundlich und vielleicht hell ist, zudem ruhig gelegen, vollkommen ausreicht.

Ein weiteres Beispiel ist die Gambro Dialysatoren GmbH aus Hechingen, die als der größte Arbeitgeber in dem baden-württembergischen Ort mit seinen knapp 20 000 Einwohnern einen »Raum der Stille« eingeführt hat – und zwar auf Anregung der Mitarbeiter selbst.[40]

Ansonsten ist mir derzeit kein Unternehmen bekannt, das einen solchen Raum – zumal nur für Mitarbeiter – anböte, zumindest habe ich noch nicht davon gehört. Es handelt sich also vielleicht immer noch und trotz einiger Vorbilder um einen recht revolutionären Gedanken. Dabei ist er doch sehr naheliegend – und absolut zeitgemäß. Die Idee der Stille als Gegenpol zum meistens von Hektik und von stetigen Umbrüchen und Neuorganisationen geprägten Alltag wird beispielsweise beim Softwareunternehmen SAP im Alltag praktiziert: Geleitete Meditationsrunden und kurze Achtsamkeitsübungen, manchmal auch zum Beginn eines Meetings, gehören dort inzwischen zur täglichen Praxis.[41]

Das Bedürfnis nach Stille wird allgemein größer in der modernen Arbeitswelt, eben nicht nur, aber auch in Zeiten persönlicher Krisen. Und solcherlei Krisenzeiten müssen ja gar nicht gekoppelt sein an persönliche Schicksale wie Todesnachrichten oder Pflegebelastungen. Jedes Unternehmen ist immer wieder einmal von Umbrüchen, ja, Umwälzungen betroffen, die manchmal so rasch passieren, dass nicht alle Mitarbeiter unbeschadet mitgehen können. Da ist Stille als Angebot immer willkommen. Je wandlungsfähiger Sie sein müssen, desto mehr solcher Gegenpole sollten Sie zur Verfügung stellen.

Und deswegen noch einmal meine dringende Empfehlung: Jedes größere Unternehmen sollte heutzutage einen »Raum der Stille« haben. Er wird ganz sicher genutzt werden.

6. KOLLEGEN UND TEAMS IN KRISENFÄLLEN: ACHTUNG, PSYCHODYNAMIK!

Trauerfälle und Mitarbeiterkrisen können Konfliktkatalysatoren sein – sie sind aber in der Regel nicht der akute Auslöser für diese Konflikte, sondern machen sichtbar, was ohnehin schon da gewesen ist.

Über Ohnmacht und Schuldfragen

Der österreichische Berater, Mediator und Politikwissenschaftler Thomas Geldmacher von »Rundumberatung«, einem Beratungsangebot für Menschen und Organisationen an Weggabelungen, erlebt oft mit, dass Trauerfälle Konfliktkatalysatoren sind. Wenn er für ein Unternehmen einen Team-Workshop zum Thema Tod und Trauer hält, mit dem Ziel, die nahen Kollegen nach dem Tod eines Mitarbeiters zu entlasten, dann treten häufig ganz andere Themen und Prozesse zutage. Schuldanklagen stehen im Raum, untereinander schwelende Konflikte brechen auf und schnell zeigt sich, dass das Team eigentlich noch mehr bräuchte. Einen Mediator vielleicht oder einen Workshop zur Klärung interner Prozesse. Allerdings ist nun der externe Berater in einer brisanten Klemme, denn üblicherweise hat er sich von seinem Auftraggeber zugunsten der Offenheit in der Workshoparbeit eine absolute Vertraulichkeit auserbeten, sprich: Er kann dem Arbeitgeber schlecht zurückspiegeln, was innerhalb des Teams gerade los ist.

Auch wenn ein Mitarbeiter in eine Pflegesituation gerät und vielleicht deswegen ausfällt oder seine Arbeitszeiten umgestalten oder reduzieren muss, können diese Hilfsmaßnahmen zum Auslöser oder Beschleuniger für allerlei Prozesse innerhalb eines Teams werden, oft eben eher ungute Prozesse. Denn die Phase des Mitgefühls und der Empathie gegenüber einem von einer Krise betroffenen Mitarbeiter ist selten lang. Ob es sich dabei um Krankheit, Trauer und Tod oder um Pflege handelt: Am Anfang sind die Betroffenheit und das Verständnis um die Nöte des anderen meistens groß, aber verständlicherweise drängt sich bald der Arbeitsalltag mit seinen täglichen Anforderungen wieder in den Vordergrund. Und damit werden auch die Skepsis, die Überlastungen, die Konflikte und alle Fragen wieder dringlicher, die vielleicht schon vorher da gewesen sind, nur dass sie jetzt mit einer erhöhten Heftigkeit in den Raum gestellt werden.

»Das passiert oft, wenn es eine generell unzufriedene Grundstimmung gibt, die bislang so mit durchgeschleppt wurde, weil noch nie die Zeit dafür war, das aufzuarbeiten«, erklärt Thomas Geldmacher, »und wenn dann plötzlich jemand stirbt.« Oder ein Mitarbeiter muss lange wegbleiben wegen einer akuten Pflegesituation zu Hause, dann werden, wie Geldmacher es formuliert, »die Sollbruchstellen in den Teams sichtbar«.

Nicht selten richtet sich die aufkommende Aggression dann gegen das Management, gegen das Unternehmen als solches und/oder gegen die Führungskräfte. Nicht nur, aber insbesondere wenn ein Mitarbeiter einen Suizid begangen hat, stehen schnell Vorwürfe und Schuldzuweisungen im Raum. Sätze wie die folgenden schwirren dann herum: »Das ist ja kein Wunder, bei dem Druck, den die auf ihn ausgeübt haben in jüngster Zeit.« Oder: »Bei dem ganzen Stress und der Unzufriedenheit hier ist es doch erstaunlich, dass sich nicht noch viel mehr Kollegen das Leben nehmen.« Manchmal richtet sich die Aggression auch gegen andere Kollegen oder sie sucht sich einen anderen Weg ins Miteinander.

»Auf einmal werden dann Fragen angesprochen, bei denen es ganz stark um Managementstrukturen, Wertschätzung, Stressmanagement und so etwas geht … Die aber in diesem Augenblick gar nicht unsere eigentlichen Themen sind«, beschreibt es Thomas Geldmacher.

Meistens geht es dabei um die Frage nach der Schuld – und es ist wichtig, zu wissen, dass das ein normaler Vorgang ist. Das psychologische Muster, das dem zugrunde liegt, zeigt sich auch in Trauersituationen oft: Wenn es darum geht, Ohnmacht auszuhalten, stoßen wir Menschen an die Grenzen unseres Möglichen. Sich in einer Opferrolle gefangen zu sehen, seiner Handlungsfähigkeiten beraubt, das geht massiv gegen die menschliche Natur. Die Folgen sind Wut,

Aggression, aber vor allem eine Frage nach der Schuldigkeit. Es *muss* einfach jemanden oder zumindest etwas geben, das an allem *schuld* ist.

Schuld, Scham, Trauer und Gebrechlichkeit bilden einen Themenkreis, meistens sind diese Befindlichkeiten und Gefühle in Kombination anzutreffen – nicht umsonst gibt es allein zu der Frage der Schuldgefühle in der Trauersituation inzwischen ein ganzes Bündel an lesenswerten Büchern, allen voran die Werke der Trauerforscherin Chris Paul, die sich hier spezialisiert hat.[42] Eine ihrer wichtigsten Thesen: Weil wir Menschen die Sehnsucht haben nach in sich stimmigen Geschichten, stellen wir oft eine Schuldfrage, wenn es ohne ein recht simples Erklärmuster unaushaltbar wird.

Das Fatale an Schuldvorwürfen im Arbeitskontext ist meistens, dass sie nicht offen geäußert werden. »Die Schuldfrage wird nicht immer explizit ausgesprochen, so erlebe ich das jedenfalls häufig, aber es kommt immer wieder so eine Unzufriedenheit durch«, sagt Thomas Geldmacher. »Und zumindest implizit ist die Schuldzuweisung sehr gut erkennbar.«

Im Arbeitskontext kommt hinzu, dass die Mitarbeiter ohnehin oft Ohnmacht in ganz anderem Kontext erleben, beispielsweise wenn eine neue Software eingeführt wird, die so viel komplizierter ist als die bisherige; wenn eine Abteilung geschlossen wird, in der man gearbeitet hat; wenn sich die strategische Ausrichtung eines Unternehmenszweigs ändert und zuvor wichtige Aufgabengebiete ganz wegfallen. All das sind Prozesse, gegen die einzelne Mitarbeiter nichts tun können, sie fühlen sich machtlos, hilflos, zur Untätigkeit verdammt. Das ist die Brücke zur Trauer, da ist es oft ganz ähnlich. So etwas fühlt sich schrecklich an und es macht zornig, zumal wenn die Betroffenen nicht mit ganzem Herzen hinter einer Unternehmensentscheidung stehen. Und, Hand aufs Herz, auch Sie als Führungskraft, Teamleiter und erst recht als Betriebsratsmitglied können das gewiss auch nicht immer; ich habe diesen Zwiespalt in meinen Jahren als Leiter von Abteilungen jedenfalls sehr deutlich wahrgenommen.

Oder sei es nur ein jahrelanges Gefühl, von »denen da oben« nicht gesehen zu werden, der Wunsch nach mehr Anerkennung – wer hat das in seinem Arbeitsleben nicht schon einmal empfunden? Aber auch das hat Ohnmachtsgefühle zur Folge. Es gibt eben kein Arbeitsleben ohne Ohnmacht, so wie im echten Leben auch.

Es ist immens wichtig, solche bereits erfahrenen Situationen von Ohnmacht im Team mit im Blick zu haben, wenn ein Trauerfall auftritt, wenn ein Mitarbeiter stirbt oder wenn jemand wegen einer Pflegebelastung langfristig ausfallen muss. Denn die neuerlich auf der Arbeit auszuhaltende Ohnmacht triggert all die bereits erlebten Ohnmachtssituationen oder -gefühle wieder ganz neu. Da werden frische Kohlen auf eine viele Jahre lang vor sich hin schwelende Glut geworfen. Und das nun um sich greifende Feuer hat eine alles verzehrende Wirkung. Aber wäre die Glut nicht gewesen, wäre das Feuer wohl gar nicht ausgebrochen.

Außerdem kann es sein, dass die akute Krise weitere Auswirkungen hat. Geldmacher formuliert es so: »Es poppen an den unterschiedlichsten Orten Konfliktherde auf und das Überraschende kann sein, dass die Konflikte an ganz anderen Stellen hochkochen als bei dem betroffenen Team, das ist ein bisschen so wie bei den Schwammerln im Wald.«

Wenn Sie als Führungskraft, Teamleiter oder Betriebsrat also mit der Krisensituation oder mit dem Tod eines Mitarbeiters konfrontiert sind und dem damit ebenfalls betroffenen Team etwas Gutes tun wollen, sollten Sie auch alle anderen gerade laufenden oder gerade abgeschlossenen Prozesse mit in den Blick nehmen. Hat es vor Kurzem viele Veränderungen gegeben? Gibt es ungute Prozesse oder Stimmungen, die als schleichende Gärprozesse bewusst oder unbewusst wahrnehmbar sind?

All das kann maßgeblich mit beeinflussen, welche Art von Unterstützung für das Team wirklich angebracht und hilfreich ist. Sie sollten immer im Blick haben: Was Krisen mit sich bringen, ist die latente Gefahr, schnell einen Schuldigen oder etwas Schuldiges zu suchen und zu benennen. Und früher oder später wird dann eine Anklage im Raum stehen. Das wäre nichts Ungewöhnliches.

Für die meisten Menschen ist die Suche nach der Schuld ein Prozess, der ihnen schon im Kindesalter eingeimpft wird. »Da bist du selbst schuld«, ich selbst habe mich oft genug dabei ertappt, diesen Satz zu meiner kleinen Tochter gesagt zu haben, wenn sie sich in kindlichem Überschwang allzu sehr überschätzt hat und sich dann mit den Folgen davon auseinandersetzen musste. Auf einer darüberliegenden Metaebene ist mir klar, dass wir Menschen damit ein gedankliches Muster implementieren, das uns eines Tages wieder einholen kann. Vor allem dann, wenn wir mit Machtlosigkeit konfrontiert sind, wenn wir also einer Situation ausgesetzt sind, in der wir wirklich einfach nichts tun können – was schwere Krankheit oder der Tod eines Menschen meist mit sich bringt. Und schon drängt sich das altvertraute Muster wieder auf: Irgendetwas oder irgendjemand muss doch die Schuld haben an dem, was da geschehen ist. Also werden rasch allerlei Zusammenhänge bemüht, die scheinbar sehr offensichtlich sind. Jedoch gilt nicht nur bei Suiziden: Eine Erklärung gibt es in der Regel nicht.

Gar nicht ungewöhnlich ist es übrigens, wenn externen Beratern – vor allem aus dem psychosozialen Bereich – mit Argwohn und Skepsis begegnet wird. Auch das erleben Berater immer wieder: Wenn sie in ein Team kommen, um mit diesen Kollegen zu arbeiten, herrscht oft eine Atmosphäre des anfänglichen Misstrauens. Immerhin wurde der Berater meist von den Führungskräften gebucht, was ihn per se verdächtig macht. Gerade die Frage der Vertraulichkeit steht dann im Raum.

Deswegen sind Sie als Führungskraft oder Teamleiter gut beraten, sich frühzeitig Gedanken darüber zu machen, ob Sie an solchen Workshops selbst teilnehmen wollen, ob das als passend erlebt wird oder als unpassend und wie Sie dem Team kommunizieren wollen, welchen Auftrag der externe Berater eigentlich hat.

Eines ist fast immer wichtig: Benennen Sie, was gerade latent wahrnehmbar ist. Nicht umsonst gibt es den Spruch mit dem Elefanten, der für alle erkennbar im Raum steht, ohne dass jemand ihn anzusprechen wagt. »Ich nehme wahr, dass hier eine große Wut in der Luft liegt«, kann ein guter Satz sein. »Und ich kann Ihnen das nicht wegnehmen, ich glaube nur, dass jetzt kein geeigneter Ort und Zeitpunkt ist, das zu besprechen, aber wir sollten für einen geeigneten Ort und Zeitpunkt sorgen. Lassen Sie uns jetzt aber den betroffenen Mitarbeiter im Blick behalten und alles andere ausklammern.« So oder ähnlich kann eine Argumentation verlaufen, die anspricht, was da ist, ohne es wegreden zu wollen, die aber die Konzentration auf das richtet, was jetzt an der Reihe ist. Lösen Sie aber jedenfalls zeitnah die Ankündigung ein, dass Sie die wahrgenommene Wut thematisieren.

Das ist ganz sicher kein Allheilmittel – nur wenn die aufpoppenden Probleme wirklich bald angesprochen werden, können Lösungen gefunden werden.

Team-Workshops nach einem Trauer- oder Todesfall

Wenn ein Mitarbeiter gestorben und die Betroffenheit groß ist, kann eine Form von Trauerbegleitung für Teams hilfreich sein. In einer solchen Situation geschieht vieles mit den Menschen, auch viel Unterschiedliches, es herrscht meist ein ziemliches Chaos an Gedanken und Gefühlen. Mithilfe eines externen Beraters oder eines dafür qualifizierten Mitarbeiters kann das aufgearbeitet werden. Oft reicht dafür ein zeitlicher Rahmen von zwei bis vier Stunden, manchmal ist eine einmalige Intervention schon ausreichend, vielleicht gekoppelt an das Angebot, dass Mitarbeiter danach jederzeit ein Einzelgespräch mit dem internen oder externen Begleiter führen können.

Durch solche Workshops können Teams auch zusammenwachsen. Denn so wie bei Trauernden wächst die Sensibilität enorm, wenn wir mit einem Trauerfall konfrontiert sind. Auf einmal wird alles andere unwichtig, es gibt mehr Einfühlsamkeit füreinander. Anfangs herrscht natürlich eine große Unsicherheit: Was wird wohl passieren in diesem Workshop? Wird es etwa irgendwie esoterisch werden, wird es vielleicht Rituale geben, die ich als merkwürdig erlebe? Müssen wir uns allzu sehr öffnen? Was, wenn ich das nicht möchte? Wird jetzt alles hochkommen, was da an Tiefe ist? Muss das sein? Solche und viele andere Fragen beschäftigen die Mitarbeiter, wenn sie den Raum betreten. Deswegen ist es zusätzlich wichtig, einen passenden Raum zu finden, der gut vorbereitet werden kann.

Ein guter erster Schritt ist es dann, das aufzufangen, was die Teilnehmer gerade bewegt, also möglichst anzusprechen, was sie gerade umtreibt: Sprachlosigkeit und Ohnmacht aushalten müssen, die Zweifel, was jetzt richtig oder falsch ist.

Auch Wissen darüber, was eine solche Situation mit Menschen machen kann und dass es bei jedem Menschen etwas ganz Eigenes sein kann, sollte in einem solchen Workshop vermittelt werden. Dass also alles, was gerade gefühlt wird, auch so sein darf, selbst wenn es nicht bei allen die große Betroffenheit ist, was durchaus normal ist, und dass es eben für jeden anders ist. Allein diese Erlaubnis zu bekommen ist für Menschen hilfreich. Wichtig ist immer, diese Individualität zu betonen.

Vielen Teams tut es zudem gut, wenn sie Raum haben können für eine moderierte Reflexion: Was macht das Geschehene mit mir als Mensch und als Mitarbeiter, aber auch mit uns als Team, welche Gefühle und Gedanken sind jetzt vorherrschend? Gleichermaßen kann gemeinsam überlegt werden: Wie wollen wir uns an den Gestorbenen erinnern? Was hat ihn ausgezeichnet und für uns besonders gemacht?

Nochmals zur Frage nach der Teilnahme der Führungskraft: Ein kluger Berater wird diese vorab mit dem direkten Vorgesetzten des Teams abwägen. Es kann starke Signale setzen, wenn Führungskräfte sich mit all ihren eigenen Gefühlen in solche Workshops einbringen, aber Teams äußern sich oft freier, wenn ihr Chef nicht dabei ist.

Ausdrücklich möchte ich Sie als Führungskraft, Teamleiter oder als Betriebsrat ermutigen, sich selbst eine gute Hilfe zu suchen. Es muss nicht alles bei Ihnen hängenbleiben, auch Sie dürfen sich ein Innehalten gönnen, Sie dürfen sich berühren lassen, dürfen Ihre eigene Betroffenheit zulassen und Sie dürfen sich den passenden Rahmen suchen, in dem Ihnen das möglich ist. Betriebsräten, die ja oft zwischen allen Stühlen sitzen oder sich zumindest so fühlen, sei dies besonders empfohlen.

Es kann als sehr positives Signal bei den Mitarbeitern aufgenommen werden, wenn der Arbeitgeber die Möglichkeit zum Innehalten und Nachdenken gibt und damit ausdrückt: Jetzt sind erst einmal Sie dran, nicht nur die Arbeit und die Projekte.

Krankheit im Team, lange Abwesenheiten, Ressourcenfragen

Auch solche Situationen werden schnell zum Gradmesser für die allgemeine Stimmung und die Befindlichkeiten im Team: Wenn Mitarbeiter lange ausfallen – sei es, weil sie eine Pflegesituation zu Hause stemmen müssen, oder weil sie selbst lange und heftig erkranken –, gerät ein Team schnell an seine Grenzen. Denn in den seltensten Fällen kann der ausfallende Kollege durch einen Springer ersetzt werden, es kommt unweigerlich eine Mehrbelastung auf das Team zu. Das führt zu einem Ritt auf der Rasierklinge. Auf der einen Seite stehen Empathie und Mitgefühl, auf der anderen Seite die Überlastung und zunehmende

Erschöpfung. Machen wir uns nichts vor: Früher oder später schlägt das Pendel zu der Seite der Belastungen aus, zumal der von der Krise betroffene Kollege abwesend, nicht vor Augen ist, der Alltag mit der zusätzlichen Belastung dafür umso mehr.

Besonders wenn es sich bei dem Ausfall eines Mitarbeiters um eine potenziell tödliche Erkrankung handelt, wird es emotional für die Mitarbeiter schwierig. Denn das hat oft zur Folge, dass es sich manche verbieten, die zunehmende Belastung oder Überlastung des Teams selbst einzugestehen. Der Gedanke ist in etwa: Das darf man nicht, es steht ja die Gefahr eines Todes im Raum. Andererseits wird sich alles, was sich aufstaut, auch seinen Weg an die Oberfläche suchen und sich irgendwann Bahn brechen.

Hier braucht es eine gute und sinnvolle Begleitung und ich kann nur empfehlen, dies frühzeitig anzubieten. Im Kontext von Krankenhäusern, Hospizen oder Altersheimen ist das Mittel der Supervision für Teams gängig – und speziell für solche Fälle ausgebildete Supervisoren sind die optimalen Ansprechpartner für Sie als vorsorgende Führungskraft oder Mitglied des Betriebsrats. Rechtzeitig zur Sprache bringen zu können, was alles da ist, das ist immer eine sinnvolle erste Intervention.

Wesentlich ist in diesem Zusammenhang, dass Sie Ihrem Team keine falschen Versprechungen machen. Kontraproduktiv sind beispielsweise Beschwichtigungen wie »Der Mitarbeiter kommt ganz bestimmt bald wieder«. Oder Abmilderungen, die den Ernst der Lage leugnen: »Das schafft ihr schon, ihr seid ein super Team, ich glaube an euch.« Durch solche Äußerungen fühlen sich Mitarbeiter weder menschlich gesehen noch in ihren Nöten ernst genommen – und das ist es, was es braucht: Die Nöte ernst nehmen und ihnen Raum geben, dabei aber auch klare Botschaften auszusenden. »Solange der Mitarbeiter abwesend bleibt, wird es bei einer Mehrbelastung bleiben, das kann ich Ihnen leider nicht ersparen« ist nicht das, was ein Team dann hören will, aber es ist immerhin ehrlich und offen – und transparent.

An dieser Stelle enden allerdings meine persönlichen Erfahrungen mit solchen Situationen: Ich schreibe dieses Buch vor allem in meiner Rolle und durch meine Erfahrungen als Trauerbegleiter für Einzelpersonen oder Gruppen und Teams. Für Teamorganisationsworkshops und Supervisionen sollten Sie sich ebenfalls an entsprechend ausgebildete Fachkräfte wenden.

7. DER UMGANG MIT PRIVATEM BESITZ UND PERSÖNLICHEN UNTERLAGEN UND DIE NEUBESETZUNG DER STELLE DES VERSTORBENEN

Diese Themen sollten Sie selbstverständlich ebenfalls mit Rücksicht auf die Emotionen der Kollegen und Respekt gegenüber den Angehörigen des Verstorbenen angehen. Und Sie sollten sich ihnen bald nach dem Tod des Mitarbeiters zuwenden, da Sie Abwicklungspflichten haben und geregelt werden muss, was mit den Gegenständen des Verstorbenen, seinen E-Mails, den Akten et cetera geschieht.

Abwicklungspflichten des Unternehmens sowie der Erben und Angehörigen

Die Abwicklungspflichten des Unternehmens gegenüber den Erben und Angehörigen betreffen einerseits die vertraglichen Ansprüche wie den noch offenen Lohnanspruch, besondere Entgelte, Hinterbliebenenversorgung und so weiter, um die sich die Personalabteilung beziehungsweise der Personalverantwortliche kümmert, für die es klare personalrechtliche Regelungen und Abläufe gibt und die deswegen hier nicht weiter beschrieben werden. An dieser Stelle sei nur darauf hingewiesen, dass gesichert sein sollte, dass keine Auszahlungen erfolgen, bevor ein Erbschein vorliegt. Außerdem haben die Angehörigen natürlich Anspruch darauf, dass ihnen der persönliche Besitz des Verstorbenen, der sich im Unternehmen befindet, ausgehändigt wird.

Die Erben und Angehörigen des Verstorben haben umgekehrt die Pflicht, alle Gegenstände und Unterlagen, die dem Unternehmen gehören, aber der Verstorbene bei sich zu Hause verwahrte, vollständig zurückzugeben.

Um die Rückgabe von persönlichem Eigentum und Firmeneigentum sowie Unterlagen geht es im Folgenden.

Wem gehört eigentlich was?

In den Blick zu nehmen ist alles, was der verstorbene Mitarbeiter im Unternehmen hinterlassen hat: Gegenstände im Schreibtisch, in Schränken, Rollcontainern oder Spinden, in der Küche, aber auch Digitales auf Speichermedien, Festplatten und Mailkonten. Im Umgang damit spielen auch rechtliche Aspekte eine wichtige Rolle.

Persönlicher Besitz

Fotos von Kindern oder Angehörigen, Dekorationsgegenstände, kleine Figuren, die der Verstorbene auf den Schreibtisch gestellt hat – bei diesen persönlichen Gegenständen ist es eindeutig: Sie gehören in die Kiste, die später den Angehörigen überbracht wird. Sie sind rein persönlicher Besitz, der meist vom eigenen Geld angeschafft wurde, also nicht Eigentum der Firma ist.

Auch Pikantes kann sich natürlich in den Schränken eines verstorbenen Mitarbeiters finden, manchen Mitarbeitern dient die Bürofläche als privater Lagerraum für spezielle Dinge, ob das nun gestattet ist oder nicht. Seien es Poster von nackten Frauen oder Männern in welchen Posen auch immer, seien es gut versteckte Alkoholflaschen, sei es Wäsche bestimmter Art oder eine Zeitschrift aus den Oberregalen der Tankstellen. Wer auch immer damit beauftragt ist, Schränke und Schreibtisch leer zu räumen, braucht also ein gewisses diplomatisches Gespür, was er den Angehörigen an Weiterleitung zumuten mag und was nicht. Rein rechtlich gesehen ist Besitz zwar Besitz und sollte nicht angetastet werden, aber bei manchem Gegenstand kann es gut sein, abzuwägen, ob er nicht besser dezent weggeworfen werden sollte. Nacktbilder beispielsweise nützen vermutlich keinem mehr etwas.

Bei Büromaterialien ist die Unterscheidung nicht immer eindeutig, was eigentlich privat und was Firmeneigentum ist. Ist beispielsweise der wertvollere Stift in der Schreibtischschublade des Verstorbenen nun ein privat angeschaffter, vielleicht ein privates Geschenk, oder gehört er der Firma? Hier ist eine firmeninterne Leitlinie dem mit dem Ausräumen beauftragten Kollegen eine Hilfe, beispielsweise: »Ist nicht eindeutig zuzuordnen, was Firmeneigentum ist und was privates Eigentum, werden die fraglichen Gegenstände immer den Angehörigen übermittelt.« Auch wenn es sein kann, dass das Unternehmen dadurch einen Kugelschreiber oder Vergleichbares verliert: Zeigen Sie sich angesichts des Todes großzügig.

Die vom Unternehmen gestellten Büromaterialien dagegen gehören natürlich weiterhin dem Unternehmen und sollten zurückgehen an die zuständige Abteilung.

Akten

Die Akten, mit denen der Verstorbene gearbeitet hat, werden sicher noch benötigt, oft schon kurz nach dessen Tod. Der Umgang damit muss also alsbald geklärt werden, ehe sich die Kollegen nehmen, was gerade nötig ist. Darauf, wann was zu geschehen hat, gehe ich weiter unten gesondert ein.

Es hat sich bewährt, einen Aktenpaten zu benennen, der damit beauftragt wird, sich um diese Unterlagen zu kümmern. Dieser sollte die Akten einmal durchsehen, prüfen, was der Aufbewahrungspflicht unterliegt, was eventuell von Kollegen zur Weiterarbeit benötigt wird, und entsprechend die Akten weitergeben. Wenn es aufgrund des Umfangs der Aufgabe nicht möglich ist, dass der Aktenpate diese sehr zeitnah vollständig erledigt, kann er der Ansprechpartner für den Fall sein, dass ein Kollege eine bestimmte Akte für die Weiterbearbeitung eines Projekts oder Ähnliches benötigt.

Zu klären ist, wie der Aktenbeauftragte mit konfliktträchtigem Aktenmaterial verfahren soll. Beispielsweise legen sich Mitarbeiter tatsächlich gar nicht so selten ganze Aktenordner voller »Belastungsmaterial« an, weil sie in versteckte oder offene Konflikte mit anderen Mitarbeitern verstrickt sind. Oder es finden sich

Gedächtnisprotokolle, weil sich ein Mitarbeiter gemobbt fühlte. Hier muss der Vorgesetzte gemeinsam mit dem Aktenpaten entscheiden, was besser vernichtet werden sollte. Mein Tipp wäre: Alles, was Konfliktmaterial ist, besser schreddern. Oder es zumindest in einer Kiste versenken, die in eine hintere Ecke des Archivs kommt, falls Sie das Gefühl haben, dass das Material noch mal juristisch von Belang sein könnte. Mit dem Tod eines Mitarbeiters sollten die Konflikte beendet sein – eben auch für die hierin involvierten noch lebenden Kollegen.

Grundsätzlich sollte jedes Unternehmen immer mal wieder eine Leitlinie zum Umgang mit Akten kommunizieren, die enthält, dass Akten grundsätzlich Firmeneigentum sind und bleiben und als solche behandelt werden sollten und was nicht darin abgelegt werden darf. Das ist zwar eine Selbstverständlichkeit, aber die Praxis zeigt, dass oft nicht danach gehandelt wird. Für digitale Unterlagen und Ordner gilt dies natürlich gleichermaßen.

Digitales

In Ihrem Unternehmen sollte es eine Leitlinie für digitale Kommunikation geben, die am besten in enger Zusammenarbeit mit dem Betriebsrat entwickelt wurde. Denn spätestens im Todesfall eines Mitarbeiters zeigt sich, wie enorm wichtig es sein kann, hier sehr klare Grenzen zu ziehen. Beispiel Firmenhandy: Wenn Sie als Unternehmen Handys ausgeben, können Sie fast zu 100 Prozent sicher sein, dass in dem auf dem Gerät gespeicherten Datenmaterial Privates und Berufliches vermischt wird. Deshalb ist zu regeln: Dürfen Mitarbeiter das überhaupt? Und wenn ja, was geschieht mit dem Material nach dem Tod eines Mitarbeiters? Auch wenn es als restriktiv und engstirnig ausgelegt wird: Es ist empfehlenswert, in einer solchen Leitlinie zu bestimmen, dass das Firmen-E-Mail-Konto nicht für Privates benutzt werden darf, gleichermaßen die von Ihrer Institution ausgegebenen Kommunikationsgeräte. Während papierene Akten noch vergleichsweise gut durchgesehen werden können und bei diesen wegen ihres offiziellen Erscheinungsbilds meistens klar ist, dass Privates herausgehalten wird, ist es etwas ganz anderes bei den E-Mail-Konten, die sehr oft auch für private Kommunikation genutzt werden.

Wenn Sie in Ihrem Unternehmen grundsätzlich und bei Ausgabe eines Firmenhandys an den Mitarbeiter im Einzelfall schriftlich mit ihm festlegen, dass digitale Kommunikation immer Firmenkommunikation sein muss und das Firmeneigentum nicht für Privates benutzt werden darf, erleichtert das Ihnen das Aufräumen der E-Mail-Konten und Speichermedien. Denn auch darin befinden sich ja für das Unternehmen wichtige Informationen; es sollte sich die Berechtigung sichern, die Mails durchzusehen und gegebenenfalls private Mails zu löschen, bevor das E-Mail-Konto geschlossen wird.

Firmeneigentum an privaten Aufbewahrungsorten des Mitarbeiters

Die Erben beziehungsweise Angehörigen haben die Pflicht, Firmeneigentum zurückzugeben, doch häufig wissen sie gar nicht, welche der Gegenstände und Unterlagen dies betrifft. Lassen Sie also von Firmenseite eine Liste zusammenstellen, die Sie in angemessener Form den Angehörigen zukommen lassen, vielleicht wenn Sie diesen die persönlichen Gegenstände des Verstorbenen bringen.

Im Anhang finden Sie eine Checkliste, anhand deren Sie prüfen lassen können, worum es sich handelt: Schlüssel oder elektronische Zugangssysteme, mit denen das Betreten des Gebäudes oder Firmengeländes ermöglicht wird, Laptops, Smartphone, Dienstauto, Autopapiere, Chipkarten, mit denen Kopierer oder andere elektronische Geräte angesteuert werden, Moderationskoffer, bei Homeoffice-Tätigkeit etliche andere Arbeitsmittel, außerdem Akten und Arbeitsunterlagen.

Zeitpunkt und Transparenz

Für die internen Aktivitäten gilt: Kündigen Sie unbedingt an, was wann geschehen wird. Tun Sie dies am besten persönlich in Form eines kleinen Abteilungs- oder Teamtreffens, erzählen Sie, wer mit welchen Aufgaben betraut wurde, auch, warum wie vorgegangen wird und wann die verschiedenen Aktivitäten voraussichtlich abgeschlossen sein werden.

Einiges muss sehr zeitnah geschehen, beispielsweise weil die Unterlagen und Daten benötigt werden. Da die Angehörigen ein Recht auf das persönliche Eigentum haben, das sich noch am Arbeitsplatz befindet, muss dieser auch bald durchgesehen und geräumt werden. Wer weiß, ob nicht etwas davon eine große Bedeutung für die Hinterbliebenen hat?

Bezüglich des Firmeneigentums, das Sie noch von den Angehörigen zurückerhalten müssen, ist folgende Vorgehensweise empfehlenswert: Kündigen Sie oder der Vertreter Ihres Unternehmens bei dem Kondolenzbesuch an, dass Sie sich bald wieder melden werden wegen dieser Dinge. Oft sprechen die Angehörigen selbst es an: »Hier ist ja noch das Smartphone, ich habe es ausgestellt, weil es dauernd klingelte. Wollen Sie es mitnehmen?« – So formlos geht es natürlich nicht, die Rückgabe von verschiedenen Gegenständen muss bescheinigt werden. Aber zum Kondolenzbesuch gehört all dies, wie oben ausgeführt, eben auch nicht. Also erkundigen Sie sich, ob Sie den Angehörigen demnächst deswegen einmal anrufen dürfen. In dem Telefonat können Sie dann besprechen, wann es dem Angehörigen passt, dass Sie die persönlichen Gegenstände des Verstorbenen bringen und dann auch eine Liste der Unterlagen und Gegenstände, die das Unternehmen zurückerhalten muss.

Auch hier gilt es, möglichst entsprechend den Bedürfnissen der Beteiligten im Einzelfall vorzugehen. Sollte der trauernden Person das alles jetzt zu viel sein, dann unterteilen Sie die Liste nach Dringlichkeit in zwei Hälften und bitten Sie darum, dass zunächst nur die Gegenstände und Unterlagen, die das Unternehmen wirklich unmittelbar benötigt, zurückgegeben werden, wie beispielsweise aus versicherungsrechtlichen Gründen das Firmenauto sowie Papiere, der elektronische Schlüssel zum Firmengebäude oder bestimmte Akten.

Es kann aber auch vorkommen, dass die Angehörigen möglichst schnell alles erledigen möchten, »alles hinter sich bringen« wollen, um danach zur Ruhe zu kommen. Oder sie haben ihrerseits Termine, wollen die Wohnung und das darin befindliche Arbeitszimmer schnell räumen und deshalb möglichst sofort das Firmeneigentum abholen lassen. Versuchen Sie, den Wünschen der Trauernden so weit wie möglich zu entsprechen.

Wenn Sie als Führungskraft oder Teamleiter die Kiste mit den Hinterlassenschaften eines gestorbenen Mitarbeiters überbringen, sind Sie immer zweierlei: Repräsentant der Institution, in der sie beschäftigt sind, und der Mensch, der Sie nun einmal sind. Sollte Sie das in Rollenkonflikte bringen, sprechen Sie diese ruhig und offen an. Das kann der Fall sein, wenn Sie derjenige waren, der auch zulasten des Verstorbenen schwierige Entscheidungen umsetzen, Umstrukturierungen vorantreiben oder sonstige unangenehme Führungsaufgaben wahrnehmen musste. Je nachdem, was der Mitarbeiter seinen Angehörigen erzählt hat, kann es nämlich auch in dieser Situation geschehen, dass dem Unternehmen – oder gerade Ihnen – Vorwürfe entgegengebracht werden. Als Führungskraft mit unangenehmen Aufgaben sind Sie in den Augen anderer Menschen oft in einer Teilschuld oder auch Vollschuld, wenn sich ein Mitarbeiter beispielsweise das Leben genommen hat. Aber gerade dann ist es besonders wichtig, sich diesem Gespräch zu stellen. Wie in Kapitel 2 beschrieben kann Sie eine eigene feste Haltung gut durch diesen Austausch bringen. Bleiben Sie zugewandt, es lohnt sich, davon bin ich überzeugt und das habe ich oft so erlebt.

Kollegen und den Betriebsrat einbeziehen

Manchmal erheben Kollegen Anspruch auf etwas, das ein verstorbener Kollege nutzte oder als Dekoration in seinem Büro hatte, beispielsweise ein Bild. Dem kann zugrunde liegen, dass vielleicht das betreffende Arbeitsgerät tatsächlich eine bessere Qualität hat. Aber manche Kollegen möchten sich einfach ein Andenken an den gestorbenen Mitarbeiter sichern. Hier gilt natürlich: Privateigentum gehört den Angehörigen und Firmeneigentum gehört der Firma. Und beides geht nun dahin zurück, wo es hingehört.

Der Vorgang des Ausräumens der Hinterlassenschaften sollte von einer Person allein geleistet werden, doch in manchen Stimmungslagen kann es sinnvoll sein, beispielsweise ein Mitglied des Betriebsrats zu diesem Vorgang dazuzubitten, sozusagen als Zeuge oder als »moralische Instanz«. In manchen großen Unternehmen ist es sogar schriftlich festgehalten, dass die Hinterlassenschaften eines Mitarbeiters – ob er nun ausgeschieden oder gestorben ist – in Anwesenheit des Betriebsrats von der Führungskraft durchgesehen werden, so auch die digital gespeicherten Hinterlassenschaften.

Den Abwesenheitsautomatismus aktivieren

Hatte ein verstorbener Mitarbeiter Kontakt mit Geschäftspartnern und einen Firmen-E-Mail-Account, ist möglichst bald, nicht mehr als zwei, drei Tage später, die Abwesenheitsnotiz einzustellen, die als automatische Antwort an alle Einsender verschickt wird. Eine knifflige Frage ist hierbei, ob der Tod des Mitarbeiters in dieser Abwesenheit benannt werden soll – ob das den Angehörigen recht ist oder nicht. Da der Tod eine empfindliche Angelegenheit ist, beurteilen es manche als schlechten Stil, ihn in einem Automatismus quasi mechanisch zu behandeln. Andere fürchten dagegen, dass, wenn der Grund des Ausscheidens des Verstorbenen nicht genannt wird, die Außenstehenden annehmen könnten, ihm sei fristlos gekündigt worden.

Ein Text wie der folgende könnte beide Bedenken aufheben: »Vielen Dank für Ihre Nachricht, unser geschätzter Mitarbeiter (dann bitte unbedingt den Vor- und Nachnamen einfügen) ist leider nicht mehr in unseren Unternehmen tätig, bitte wenden Sie sich an …« Mit der an dieser Stelle benannten Person muss natürlich vorher abgestimmt werden, dass die Geschäftspartner an sie verwiesen werden. Ebenso wichtig ist es auch, das Telefon des Mitarbeiters umzuleiten, am besten an dieselbe Person.

Die Stelle wieder besetzen

Manchmal ist es möglich, sich viel Zeit zu lassen, bis die Stelle wieder besetzt wird, meistens aber drängen die Belange des Unternehmens zu einer gewissen Eile. In jedem Fall sollten Sie auch hier Ihre Entscheidungen und die Gründe offen kommunizieren. Eine gute kommunikative Leitlinie ist, es deutlich auszusprechen, dass der gestorbene Mitarbeiter als Mensch niemals ersetzbar sein wird, dass aber die ihm zugeordneten Aufgaben im Unternehmenskontext ein zügiges Weiterarbeiten erforderlich machen.

Bei der Rekrutierung des Nachfolgers sollten Sie aus dem Grund der Neubesetzung keinen Hehl machen; teilen Sie es den Bewerbern in den Bewerbungsgesprächen mit. Wer auch immer dort kommt, muss darüber informiert sein, dass er einen verstorbenen Mitarbeiter ersetzt. Denn eine solche Nachfolge birgt immer ein gewisses Konfliktpotenzial; wenn der neue Mitarbeiter weiß, welche potenziellen Fettnäpfchen für ihn bereitstehen, kann er sie meiden. Er hat die Chance, emotionale Reaktionen, Skepsis und möglicherweise Abwehr seitens der neuen Kollegen unter diesem Aspekt zu beleuchten. Es ist nur menschlich, dass »der Neue« mit dem gestorbenen Mitarbeiter verglichen und seine Verhaltensweise oder seine Leistungen an denen des Vorgängers gemessen werden. Hier ist Offenheit im Vorfeld der Einstellung notwendig. Erkundigen Sie sich in den ersten Monaten auch immer wieder bei dem Nachfolger, wie es ihm mit dieser Situation geht, um rechtzeitig das Thema im gesamten Team zu bearbeiten, falls sich der Nachfolger anhaltend großen Widerständen ausgesetzt sehen sollte.

Auf einem Kongress hat ein Teamleiter, der für einen durch Suizid gestorbenen Vorgänger eingestellt wurde, von seiner nachhaltigen Irritation gesprochen, die diese Situation in ihm ausgelöst hat. Unterschätzen Sie nicht die Wirkung, die es auf Mitarbeiter haben kann, zu wissen, dass sie quasi »einen Toten ersetzen müssen« – was ja so nicht zutrifft, aber so erlebt werden kann.

8. **DIE TRAUERANZEIGE:** EIN WICHTIGES SIGNAL NACH AUSSEN UND INNEN

Jeden Morgen, wenn ich die Tageszeitung von hinten zu lesen beginne und mir als Erstes die Todesanzeigen ansehe, muss ich über von Firmen für ihre gestorbenen Mitarbeiter geschalteten Anzeigen den Kopf schütteln. Dass Unternehmen ihre Mitarbeiter auf diese Weise noch einmal öffentlich würdigen, ist anerkennenswert und darf als Geste nicht unterschätzt werden. Eine Anzeige zu schalten ist teuer und freiwillig und keinesfalls eine Selbstverständlichkeit. Es ist ein Signal eines Unternehmens, zu dem es nicht verpflichtet ist. Umso wichtiger ist es, dass sich die Verantwortlichen in den Unternehmen darüber bewusst sind, was für ein Signal sie den Angehörigen und den eigenen Angestellten damit senden.

Inhaltlich geht es in den meisten Traueranzeigen zu wie in einem letzten Führungszeugnis. Nach einer Auflistung der Stationen, die der Mitarbeiter durchlaufen hat, folgt oftmals ein Hinweis darauf, dass er bei Kunden, Vorgesetzten oder Kollegen sehr geschätzt war, gefolgt von dem Satz: »Wir werden ihm ein ehrenvolles Andenken bewahren.« In Kapitel 5 habe ich ausgeführt, wie das Andenken eines Mitarbeiters tatsächlich bewahrt werden kann; bei meiner Anzeigenlektüre frage ich mich immer, ob mit dem genannten Satz wohl tatsächlich konkrete Maßnahmen verbunden sind. Ist das nicht der Fall, ist er letztlich Makulatur – und für Firmenangehörige, die ihn lesen und wissen, dass »nichts dahinter« steht, kein gutes Signal. Sie lesen daraus, dass also die ganze Anzeige nicht ernst gemeint ist. Eine weniger übertreibende Formulierung wäre da jedenfalls besser, vielleicht: »Wir werden ihn in dankbarer Erinnerung behalten.«

Die Formulierung der Anzeige ist eine wichtige Aufgabe

Vieles, was sich in Traueranzeigen von Unternehmen oder anderen Einrichtungen findet, sind hohle Phrasen oder ganz offensichtlich Textbausteine. Das ist bedauerlich. »Maschinen lassen sich abschreiben, Menschen aber nicht«, so wird der mittlerweile verstorbene »moderne Bestatter« und Trauerbegleiter Fritz Roth in einem Artikel von der *Zeit* zitiert: »Trauer ist eine große Energiequelle, man muss ihr aber Platz geben – und zwar dort, wo das Leben stattgefunden hat. Also auch im Büro.«[43]

Ich nehme an, dass die Menschen, die die Traueranzeigen der Unternehmen formulieren müssen, meistens mit dem Mitarbeiter, um den es geht, selten bis gar nicht zu tun gehabt haben; der gestorbene Mensch ist ihnen letztlich fremd. Deshalb und weil Tod und Trauer ohnehin bei den meisten Menschen große Unsicherheit auslösen, verlässt man sich lieber auf Textbausteine und verschiedene Standardsätze. Man geht wahrscheinlich lieber auf Nummer sicher, um nichts falsch zu machen.

Damit wird man aber dem Verstorbenen nicht gerecht. Außerdem läuft das dem Anspruch eines modernen Unternehmens zuwider, wonach der Mitarbeiter eine zentrale, wenn nicht die wichtigste Rolle spielt.

Deshalb möchte ich an dieser Stelle betonen: Die Traueranzeige zu formulieren ist eine sehr wichtige Aufgabe. Sie soll die Wertschätzung des Unternehmens für den Verstorbenen ausdrücken und dadurch ein Trost für die Angehörigen und die ihm nahestehenden Kollegen sein. Außerdem zeigt das Unternehmen durch die Formulierung und Gestaltung der Anzeige allerlei von sich: Schon auf den ersten Blick ziehen die Leser viele Rückschlüsse: Werden Mitarbeiter wirklich wertgeschätzt und wahrgenommen? Gibt es eine gute Unternehmenskultur? Die Aufmerksamkeit, die Sie einer Todesanzeige widmen sollten, muss also der Aufmerksamkeit entsprechen, die Sie dem Mitarbeiter gewidmet haben. Und bei alledem sollte Ihnen immer bewusst sein: Das ist eine sehr wichtige, aber keine leichte Aufgabe.

Verfassen Sie die Traueranzeige also sorgfältig. Sollten Sie diese Aufgabe delegieren, dann vermitteln Sie der betreffenden Person, wie wichtig diese Aufgabe ist und worauf (sehen Sie unten) zu achten ist.

Machen Sie sich beziehungsweise der betreffenden Person, die die Anzeige schreibt, bewusst, dass in dem Medium, in dem die Anzeige erscheint, niemand korrigierend eingreifen wird, wenn da etwas Unpassendes oder Falsches steht. Da es sich um eine Anzeige handelt, ist der Auftraggeber selbst für den kompletten Inhalt verantwortlich.

So wie ich diesen Prozess in vielen Unternehmen kennengelernt habe, ist fast immer die Personalabteilung für die Formulierung und Schaltung der Anzeige zuständig. Meistens geschieht das sogar in Rücksprache mit dem jeweiligen Vorgesetzten, der die vorformulierte Anzeige oft noch einmal zu sehen bekommt. Doch die wenigsten Führungskräfte trauen sich, in die Vorlage tatsächlich noch einmal inhaltlich einzugreifen und darin Änderungen vorzunehmen. Das kann daran liegen, dass die von einer Personalabteilung verschickten Unterlagen in vielen Unternehmen immer noch als etwas von besonderer Wichtigkeit erlebt wird, in dem man als Angestellter – auch als Führungskraft – eben nicht herumzuwerkeln hat. Zudem sind Führungskräfte wohl oft insgeheim ganz froh darüber, dass ihnen jemand diese unangenehme Arbeit, die Todesanzeige zu formulieren, abnimmt. Und sie vertrauen vielleicht auch gerne darauf, dass andere bereits über gute Erfahrungswerte für die beste Erledigung dieser Aufgabe verfügen.

Dabei sind die Führungskräfte oft diejenigen, die den engeren Kontakt zu dem gestorbenen Mitarbeiter hatten, und sie können leicht auch dessen Kollegen einbeziehen. Im Idealfall sollte meiner Meinung nach also der direkte Vorgesetzte die Anzeige formulieren oder er sollte eine geeignete Person aus dem nahen Umfeld damit beauftragen. Überlegen Sie als Teamleiter oder Führungskraft oder wenn Sie in Ihrem Unternehmen im Betriebsrat sind, wie es bei Ihnen gehalten werden sollte.

Textbausteine sollten, wie oben begründet, nicht genutzt werden. Ich möchte dies für eine Ausnahme einschränken: Wenn einer darin unerfahrenen Person die Aufgabe übertragen wird, nun eine Traueranzeige zu schreiben, kann es sein, dass die Unsicherheiten sehr groß sind. Dann kann das Zurückgreifen auf die übliche Struktur von Traueranzeigen und einige bewährte Standardsätze hilfreich sein, um überhaupt einen Anfang zu finden. Das ist einsehbar. Wenn Sie oder die betreffende Person dann den Kollegenkreis mit einbinden, werden deren gute Vorschläge, Ideen und Formulierungen dazu beitragen, dass Sie eine individuelle, passende Todesanzeige verfassen können. Berücksichtigen Sie zudem die folgenden fünf Aspekte.

Aspekt Nummer eins: Für wen ist die Todesanzeige gedacht?

Warum schalten Firmen eigentlich Todesanzeigen? Zum einen sicherlich aus Imagegründen: Sie wollen sich zeigen als ihren Mitarbeitern verpflichtet und zugewandt, sie wollen ihre Anerkennung für die geleistete Arbeit ausdrücken und sie halten sich damit an die bei uns üblicherweise gepflegte Tradition. Zum anderen drücken Unternehmen auf diese Weise nicht nur den Angehörigen ihr Mitgefühl aus, sondern allen, die diesen Menschen gekannt haben. Die wichtigsten Adressaten sind also die Angehörigen, die Hinterbliebenen sowie die engeren Kollegen.

Diese Zielgruppe sollten diejenigen in den Blick nehmen, die sich in Ihrem Unternehmen um die Formulierung der Todesanzeige kümmern. Mit der klaren Vorstellung davon, an welche Menschen sich der Text eigentlich richtet, wird der Verfasser die passenden Inhalte und Formulierungen finden.

Aspekt Nummer zwei: Welcher persönliche Akzent wird gesetzt?

Es geht in einer Todesanzeige darum, den gestorbenen Menschen zu würdigen und in den Mittelpunkt zu stellen – und das gelingt am besten, je persönlicher der Mensch durch den Text sichtbar wird. Deshalb muss eine Traueranzeige immer individuell für den Verstorbenen formuliert werden, ohne Textbausteine zu verwenden. Und wenigstens ein Satz in der Todesanzeige sollte, nach der Beschreibung der wichtigsten Stationen und Tätigkeiten des Gestorbenen, etwas ganz Persönliches aufgreifen, etwas, das nur diesen Menschen so ausgezeichnet hat. Wenn ein Kollege also ein bestimmtes Hobby gehabt hat oder, noch besser, eine für ihn typische Art oder ein Verhalten, eine besondere Besonnenheit und Ruhe beispielweise, kann das herausgestellt werden.

Wichtig ist hierbei, das richtige Maß zu treffen: Ja, es sollte etwas Persönliches in der Todesanzeige stehen, etwas, das den Menschen erkennbar macht und über die rein berufliche Funktion hinausgeht. Es darf aber auch nicht zu persönlich oder ausschließlich persönlich zugehen. Das kann in der offiziellen Anzeige des Unternehmens schnell peinlich wirken.

Wo die Unterschiede liegen könnten, verdeutlicht das folgende Beispiel: »Vermissen werden wir neben all seiner fachlichen Kompetenz auch seine Leidenschaft für die Musik, die für manch anregendes Gespräch in der Pause gesorgt hat.« Ein solcher Satz in der offiziellen Anzeige eines Unternehmens wirkt merkwürdig; er wäre allenfalls geeignet für eine Anzeige seitens der Kollegen. In der Unternehmensanzeige könnte es so lauten: »Vermissen werden wir neben all seiner fachlichen Kompetenz vor allem die Ruhe und Besonnenheit, die seinen Kollegen und dem Team auch in unruhigen Zeiten so wohlgetan haben.«

Wenn Sie die Kollegen des Gestorbenen in die Erstellung der Anzeige einbeziehen, kann es erleichtern, den richtigen, wirklich passenden persönlichen Akzent zu setzen. Bei Bedarf sollten Sie den Kollegen aber auch das Schalten einer eigenen Traueranzeige gewähren, die zwar aus der Firmenkasse bezahlt wird, als Absender aber ausschließlich die Kollegen oder Teammitglieder des Verstorbenen nennt.

Auch der Betriebsrat, der ja oft um Mitarbeiternetzwerke weiß, die den Personalern und Vorgesetzten nicht bekannt sind, könnte für die Formulierung befragt werden. Er wird vielleicht wissen, ob es noch weitere Mitarbeiter gibt, die dem gestorbenen Kollegen nahestanden.

Weil es sich bei diesen Todesanzeigen für Mitarbeiter um eine freiwillige Leistung des Arbeitsgebers handelt, gibt es übrigens keine verbindlichen Mitbestimmungsrechte des Betriebsrats – es ist also immer eine selbst zu treffende Entscheidung, ob dieser mit in den Prozess einbezogen wird. Zur inhaltlichen Gestaltung allerdings hat der Betriebsrat rein rechtlich gesehen nichts zu sagen.

Alles Gesagte gilt genauso für die Anzeigen für ehemalige Mitarbeiter, die zum Zeitpunkt ihres Todes das Unternehmen längst verlassen haben. Sollten allerdings für Pensionäre und andere ehemalige Mitarbeiter Standardanzeigen benutzt werden, bei denen der Arbeitgeber nur den Namen, das Geburts- und das Todesdatum austauscht, kann das praktisch sein und eine gewisse Gleichbehandlung garantieren. Auch ist es ja in solchen Fällen oft nicht möglich, noch einen passenden persönlichen Akzent zu setzen. Wenn aber zwei solcher standardisierter Anzeigen dicht aufeinanderfolgen oder sogar in der gleichen Ausgabe einer Zeitung gedruckt werden, wirkt dies unpersönlich und lieblos. Es konterkariert die an sich so gute Intention, aus der heraus die Anzeige geschaltet wird.

Auf ein Detail für das Formulieren der Todesanzeige möchte ich Sie noch hinweisen: Vermeiden Sie das Wort »stets«. An diesem Wort reibe ich mich fast jeden Morgen bei meiner Anzeigenlektüre. Denn »stets« ist formales Arbeitszeugnisvokabular und damit wirken diese fünf Buchstaben immer deplatziert.

Aspekt Nummer drei: der optimale Zeitpunkt

Hinsichtlich des Erscheinungstermins der Todesanzeige Ihres Unternehmens ist dreierlei zu beachten:

1. Schalten Sie die Unternehmensanzeige bitte niemals *vor* der Anzeige der Angehörigen. Den Hinterbliebenen ist immer der Vortritt zu lassen, sie sind die unmittelbar Betroffenen und haben damit sozusagen das »Erstinformationsrecht«. Nun wollen nicht alle Angehörigen eine Anzeige schalten – oder manchmal auch erst später. In jedem Fall müssen Sie herausfinden, was geplant ist. Hierfür ist der beste Weg ein kurzer, direkter Kontakt mit den nächsten Angehörigen, den Sie wegen ihrer Kondolenzaktivität ja ohnehin haben sollten, und die direkte Nachfrage danach, was geplant ist. Mit dem Verweis darauf, dass Sie sich den guten Gepflogenheiten entsprechend verhalten wollen, sollte das kein Problem sein. Manche Angehörige entscheiden sich dagegen, eine eigene Anzeige zu schalten; sollte das der Fall sein, erkundigen Sie sich direkt, ob es ihnen recht ist, wenn Sie als Unternehmen dennoch eine Anzeige aufgeben. Keinesfalls sollten Sie stillschweigend und ohne Absprache auf Ihr sonst übliches Vorgehen verzichten, etwa nach dem Motto »Wenn die nicht wollen, müssen wir ja auch nicht«. Leben Sie in Ihrem Unternehmen Ihre Trauerkultur und schalten Sie also die Anzeige, sofern sich die Angehörigen nicht dagegen aussprechen.
2. Beachten Sie unbedingt auch den Erscheinungstermin der unter Umständen sehr bald geplanten Stellenausschreibung für die Neubesetzung: Höchst peinlich ist es, wenn Stellenanzeige und Todesanzeige zeitgleich erscheinen.

Weil es bei der Todesanzeige ja darum geht, den Menschen in den Mittelpunkt zu rücken, nicht aber seine Funktion oder seine Aufgabe, unterläuft die gleichzeitige Stellenausschreibung diese Intention. Das macht keinen guten Eindruck und ist verletzend für die Hinterbliebenen.

3. Ebenso wie eine zu frühe Schaltung einer Todesanzeige sollten Sie das zu späte Erscheinen der Anzeige vermeiden. Wenn ein Unternehmen Wochen nach dem Todesfall mit seiner Anzeige hinterherkleckert, macht das einen schlechten Eindruck. Dass das Formulieren einer Firmen-Traueranzeige herausfordernd sein kann, darf den Prozess nicht über Gebühr verlängern. Falls die für die Informationen nötigen Ansprechpartner gerade nicht erreichbar sind, gilt als große Ausnahme einmal der Leitsatz: Zeit vor Inhalt. Sorgen Sie dennoch für einen bestmöglichen Inhalt.

Aspekt Nummer vier: die Gestaltung der Anzeige

Sie verfügen als Unternehmen über ein farbenfrohes Logo und eine dazu passende Corporate Identity, auf die Sie sehr stolz sind? Prima. Aber für eine Todesanzeige ist das unpassend. Wenn Ihr Firmenauftritt sehr farbig ist, sollten Sie für die Traueranzeige und -korrespondenz über eine andere Art der Unternehmenspräsentation nachdenken. Vielleicht lassen Sie das Logo lieber ganz weg und lassen den Namen Ihres Unternehmens einfach als Schrift absetzen? Oder, falls Ihnen das widerstrebt, Sie denken über ein in Grautönen abgesoftetes Logo nach. Jedenfalls brauchen Sie für die Trauernachrichten etwas Dezentes, das den Hinterbliebenen nicht unmittelbar ins Gesicht springt. So vermitteln Sie Demut und Respekt.

Achten Sie außerdem darauf, dass die Größe Ihres Unternehmensnamens und gegebenenfalls des Logos in der Traueranzeige kleiner und weniger auffällig als der Name des Gestorbenen gesetzt wird.

Aspekt Nummer fünf: Eine Traueranzeige ist keine Werbung

Wenn Sie beziehungsweise Ihr Unternehmen um einen Mitarbeiter trauern, steht dieser im Mittelpunkt und die Tatsache, dass er gestorben ist. Leider versteht sich das nicht von selbst. Die Traueranzeige eines Autohauses, das zwar um seinen Firmenchef zu trauern behauptet, aber gleichzeitig wegen der »durch den Tod verursachten schwierigen Geschäftssituation« sowie »zur Sicherung unserer kurzfristigen Liquidität« einen »Fahrzeug-Sonderverkauf mit drastischen Preisnachlässen« ankündigt,[44] ist ein extremes Beispiel dafür, was keinesfalls passieren darf. Manchmal rutscht Werbung auch unwillkürlich an Stellen in die Traueranzeige, wo der Verfasser eine besondere Leistung des Mitarbeiters hervorhebt, etwa: »mit seinem Gespür für den Markt das noch heute bestverkaufte Produkt XY lancierte«. So etwas sollte in Traueranzeigen Ihres Hauses nicht zu lesen sein.

9. DER EINSATZ VON PROFESSIONELLEN BERATERN IM KRISENFALL

Wenn Mitarbeiter in einer Belastungssituation Hilfe und Unterstützung erfahren, birgt das für die Unternehmen die Chance, dass sie die Gesundheit und die Leistungsfähigkeit ihrer Angestellten positiv beeinflussen. Doch müssen die Unternehmen nicht alles selbst machen. Es gibt mehrere Möglichkeiten, sich kompetente Hilfe zu holen, und mehrere Modelle, die bereits vielfach in Anwendung sind – auch in Deutschland.

Vier Arten von professioneller Unterstützung für Angestellte

Vier verschiedene Optionen stehen ihnen offen. Dabei geht es im Folgenden nicht um sogenannte Krisen-Interventions-Teams (KITs), die es in manchen Unternehmen oder Einrichtungen gibt, die in sensiblen Bereichen arbeiten, beispielsweise bei der Polizei, und die eine kurzfristige und kurzzeitige Erstintervention in speziellen Fällen leisten. Sondern es geht darum, Mitarbeitern in den häufig auftretenden Krisensituationen wie Verlust eines Angehörigen, Tod eines Kollegen oder infolge der belastenden Pflege eines Angehörigen sowie anderer schicksalhafter Ereignisse oder seelischer Belastungen oder im Fall von lebensbedrohlicher Krankheit oder Sucht eine langfristig angelegte Unterstützung anzubieten.

Hier zunächst ein Überblick über die vier gängigen Optionen:

- Die erste Möglichkeit ist, eine Sozialberatung direkt im Unternehmen zu implementieren. Diese ist in der Regel an das Betriebliche Gesundheitsmanagement angebunden.
- Die zweite Möglichkeit ist, eine Sozialberatung anzubieten, die zwar im Unternehmen angesiedelt ist und dort über einen eigenen Raum verfügt und feste Sprechzeiten einrichtet, aber von einer externen Einrichtung betrieben wird – ein Modell, das beispielsweise das Haus NOZ Medien am Standort Osnabrück eingeführt hat, dort in Zusammenarbeit mit der Diakonie.
- Die dritte Variante sind die sogenannten EAPs, »Employee Assistance Programs«. Das Angebot ist im englischsprachigen Raum weit verbreitet. In Deutschland werden entsprechende Angebote auch unter der Bezeichnung »Externe Mitarbeiterberatung« gemacht: Eine externe Firma bietet eine Unterstützung durch meistens psychologisch ausgebildete Kräfte an, die in der Regel telefonisch durchgeführt wird.
- Als vierte Möglichkeit können Unternehmen je nach Einzelfall externe Berater oder externe Hilfsangebote buchen. Dem Thema »Mitarbeiter in der Angehörigenpflege« wenden sich zunehmend Anbieter zu, die im Betrieblichen Gesundheitsmanagement tätig sind. Für den Bereich »Trauer am Arbeitsplatz« gibt es mehrere Trauerbegleiter, aber auch Berater oder Coachs, die sich – wie der Autor dieses Buches – eigens hierfür spezialisiert haben.

Jede der vier Optionen hat ihre ganz eigenen Vor- und Nachteile; diese werden unten näher erläutert. Wägen Sie ab, welche am besten zu der Größe und zur Kultur Ihres Unternehmens passt. Für die Spezialfälle – insbesondere Pflege und Trauer – sollten nötigenfalls speziell geschulte Pflegeberater oder »Trauer-Ersthelfer«, wie sie in den Best-Practice-Beispielen in Teil 3 vorgestellt werden, herangezogen werden. Wie diese arbeiten, wird in späteren Abschnitten beschrieben.

Das Wichtigste bei allen Angeboten ist die Vertraulichkeit. Die Hemmschwellen, sich jemandem anzuvertrauen, können bei Mitarbeitern aus den verschiedensten Gründen sehr hoch sein – gerade in Krisenzeiten. Oft ist Scham mit im Spiel, vor allem bei den Themen Sucht und Pflege, aber auch bei anderen Themen. Nicht immer sind die Mitarbeiter es gewohnt oder haben Erfahrungen darin, mit anderen über ihre Probleme zu sprechen. Und immer schwingt die Sorge mit, ob der Chef, die Personalabteilung, kurzum der Arbeitgeber nicht doch irgendetwas von den Gesprächsinhalten erfährt und ob nicht doch irgendwelche Notizen in der Personalakte landen könnten. Deshalb muss in jedem Fall sichergestellt sein, dass dies nicht geschieht – und es muss von den Mitarbeitern gelernt und verinnerlicht werden. Dazu kann es unter Umständen einen längeren Atem brauchen. Akzeptieren Sie, dass solche Angebote zunächst nur zögerlich angenommen werden. Das Vertrauen muss mit der Zeit wachsen, dann wird auch der Zuspruch wachsen. Je mehr Mitarbeiter positive Erfahrungen mit diesen professionellen Unterstützungsangeboten gemacht haben, desto häufiger werden sie in Anspruch genommen.

Ihre Angebote sollten für die Mitarbeiter kostenfrei sein, also vom Unternehmen bezahlt werden, zudem sollte der Zugang dazu ganz unbürokratisch und möglichst niederschwellig sein (E-Mail oder Anruf genügt). Je nach Art des Angebots kann es hilfreich sein, wenn die Anzahl der Beratungsgespräche nicht limitiert ist.

Die Hilfe besteht in der Regel aus einer sowohl systemischen als auch lösungsorientierten Kurzzeitberatung, die die Betroffenen zu Handelnden machen möchte. Oftmals geht es um Hilfe zur Selbsthilfe, nicht darum, eine Therapie zu ersetzen. Für die meisten Krisenfälle ist das sicher sinnvoll, in der Trauerbegleitung verhält es sich etwas anders, wie unten näher beschrieben wird.

Wie bei so vielem, was wir in diesem Buch besprochen haben, gilt auch für diese Unterstützungsangebote: Sie müssen immer wieder und intensiv angeboten, regelrecht beworben werden, damit sie nicht in Vergessenheit geraten. Ich habe in Kapitel 5 bereits den »Notfallbutton« im Intranet empfohlen, durch den Mitarbeiter in Krisensituationen per Mausklick sofort erste hilfreiche Informationen erhalten oder auf eine entsprechende Unterseite geleitet werden. In dieses System können Sie auch die Unterstützungsangebote einbinden, die Sie Hilfesuchenden intern oder extern zur Verfügung stellen.

Ebenso sollte sichergestellt und immer wieder kommuniziert werden, dass das Beratungsangebot allen Mitarbeitern, eben auch den Führungskräften, zur Verfügung steht.

Bevor die vier Optionen im Einzelnen erläutert werden, möchte ich noch auf den Sinn solcher Angebote hinweisen. »Was bringt das?«, werden Sie sich fragen, wenn Sie die Kosten-Nutzen-Abwägung vornehmen. Letztlich ist die Antwort einfach: Es geht um die Gesundheit und eine gute Leistungsfähigkeit Ihrer Mitarbeiter. Außerdem hat es positive Effekte für das Unternehmensimage. Tatsächlich ist es so einfach. Einige Stichworte sollen noch ergänzt werden: die Verbesserung der Konzentration, dadurch die Verringerung der Fehlerhäufigkeit, der Fehlzeiten und Unfälle, die Verbesserung der Betriebsergebnisse.

Nicht zuletzt macht seit einiger Zeit das Stichwort der »Corporate Social Responsibility« die Runde, also der sozialen Verantwortung von Unternehmen, auch für ihre Angestellten. Es steht Einrichtungen aller Art gut zu Gesicht, wenn sie hier gut aufgestellt sind. Ganz abgesehen davon lesen wir Jahr für Jahr aufs Neue von gestiegenen Krankheitstagen wegen seelischer Krisen oder Störungen. Die seelische Gesundheit von Mitarbeitern rückt zunehmend ins Blickfeld. Wer frühzeitig Hilfe anbietet, kann etwas dazu beitragen, dass die Krankheitsabwesenheiten reduziert werden.

Machen Sie also die entsprechenden Angebote nicht erst dann, wenn ein Mitarbeiter kurz vor dem Zusammenbruch steht, sondern richten Sie in Ihrem Unternehmen Formen der Unterstützung ein, die jederzeit jedem zur Verfügung stehen. Je früher ein Hilfebedürftiger Hilfe in Anspruch nimmt, desto besser stehen die Chancen für guten Erfolg durch die Unterstützung.

Im Folgenden werden die Vor- und Nachteile der verschiedenen Optionen näher beleuchtet.

Option 1: Sozialberatung im Unternehmen durch eigene Mitarbeiter

Die Vorteile liegen hier natürlich auf der Hand: Vor allem die kurzen Wege – kommunikativ wie auch räumlich gesehen – machen das Angebot interessant. Durch die enge Anbindung an das eigene Unternehmen können die Sozialberater gemeinsam mit den betroffenen Mitarbeitern oft viel pragmatischere Lösungsvorschläge für die jeweiligen Krisensituationen entwickeln, beispielsweise im Bereich der Pflege, weil sie um die konkreten Gestaltungsmöglichkeiten wissen, was Arbeitszeitmodelle, Jobtausch und anderes angeht. Auch haben interne Sozialberater – je nach Größe des Unternehmens – oft Kenntnisse über die Struktur, die einzelnen Abteilungen und Abläufe. Zudem kennen sie vielleicht auch die Vorgesetzten des Ratsuchenden. Das kann besonders hilfreich sein, weil sie um deren Eigenarten und Haltungen wissen.

Der Nachteil dieser Option ist jedoch, dass die Vertraulichkeit zuweilen tatsächlich stärker bezweifelt wird als bei externen Angeboten. Wie neutral ist jemand, der vom eigenen Unternehmen bezahlt wird?

Sowohl Vor- als auch Nachteil kann sein, dass in einer Sozialberatung alle möglichen Krisenfälle besprochen werden können, also von der Sucht bis zur Scheidung, von der Trauer bis zum Mobbing und so weiter. Die Berater können so zwar einerseits ein breites Spektrum von Themen bearbeiten, sind aber nicht immer für die jeweiligen Besonderheiten sensibilisiert. Gerade für die Unterstützung Trauernder sollte der Sozialberater über eine fundierte Sachkenntnis verfügen oder zumindest um ihre Besonderheiten wissen, sodass er nötigenfalls entsprechende Zusatzkräfte konsultieren kann. In größeren Unternehmen mit mehreren Sozialberatern haben diese deswegen ihre jeweiligen Spezialgebiete, zu denen sie angesprochen werden können.

Option 2: Sozialberatung eines externen Dienstleisters in den Räumen des eigenen Unternehmens

Wer von extern dazukommt, wer also nicht »zum eigenen Stall« gehört, wird manchmal als vertrauenswürdiger angesehen als jemand, der dem eigenen Haus verpflichtet ist. Zumindest aber als neutraler. Das ist der große Vorteil der externen Berater, auch wenn selbst ihnen gegenüber, wie oben beschrieben, oft eine kleine Unsicherheit bleibt. Werden diese Berater am Ende nicht doch für vertrauliche Informationen bezahlt? Es schafft Vertrauen und Transparenz, externen Beratern feste Besprechungstage zu gewähren, für die sie auf jeden Fall bezahlt werden – und sie nicht nach Einzelfällen zu bezahlen.

Externe Berater haben selten genauere Kenntnisse über das jeweilige Unternehmen und seine Besonderheiten, was sowohl Vor- also auch Nachteil sein kann. In den seltensten Fällen werden gleich mehrere externe Sozialberater auf einmal engagiert, sodass hier ein Mitarbeiter das komplette Programm möglicher krisenhafter Ereignisse zu bearbeiten hat. Was das an Vor- und Nachteilen mit sich bringt, ist weitgehend identisch mit den Vor- und Nachteilen einer fest im Unternehmen implementierten Sozialberatung: Die Berater sind für ein großes Themenspektrum geschult und können von Eheproblemen über Suchtthemen vieles behandeln, aber kein Thema ganz in der Tiefe.

Vor allem für Klein- und Mittelstandsunternehmen kann diese Option interessant sein – unter Umständen können sich mehrere Unternehmen zusammentun und eine gemeinsam finanzierte Beratung in einer der Firmen etablieren, die aber für alle im Verbund mitwirkenden Unternehmungen und deren Mitarbeiter zur Verfügung steht.

Option 3: Employee Assistance Programs/Externe Mitarbeiterberatung

Hierbei handelt es sich um eine externe Beratung, meistens eine, die telefonisch erfolgt oder zumindest anfangs telefonisch, bevor es – je nach Anbieter – auch persönliche Treffen geben kann. Einer der tatsächlich sehr großen Vorteile ist, dass viele Anbieter von EAP-Programmen eine 24-stündige Erreichbarkeit versprechen, die meistens als telefonisches Angebot besteht. Zwar wird es in den wenigsten Fällen vorkommen, dass ein Mitarbeiter mitten in der Nacht bei einem Berater anruft, aber wenn in einem Unternehmen beispielsweise Schichtarbeit oder besondere Arbeitsbedingungen eine Inanspruchnahme von Unterstützungsangeboten zu den sonst üblichen Tageszeiten erschweren, kann dies sehr interessant sein. Die Beratungsangebote werden von professionellen Dienstleistern erbracht, die – anders als es bei Sozialberatern oftmals der Fall ist – nicht aus dem Kontext der christlichen oder humanitären Wohlfahrtsorganisationen stammen (wie Caritas oder Diakonie beispielsweise).

Manche dieser Anbieter beschränken sich auf eine rein telefonische Beratung, bei der am Anfang nur der jeweilige Arbeitgeber zu nennen ist (weil diese Firmen mehrere Unternehmen als Kunden haben), aber nicht notwendigerweise der eigene Name. Das hat den Vorteil, dass die Beratungen gesichert anonym erfolgen und die Hemmschwellen dadurch nochmals abgesenkt werden.

Auch bei den EAP steht die Frage im Raum, ob es sinnvoll ist, dass ein Berater alle erdenklichen Krisenfälle und Situationen gleichermaßen behandelt und inwieweit die Kräfte dort auf spezielle Themen wie Trauer oder Pflege vorbereitet sind.

Hinsichtlich der Qualität des Angebots ist zu bedenken, dass bei einer enger an den Betrieb angebundenen oder direkt dort implementierten Sozialberatung das Unternehmen stärkere Kontrolle über die Qualitätsstandards und die Kosten ausüben kann, weil es mit vor Ort befindlichen Akteuren darüber sprechen und jene verhandeln kann, während die EAP-Firmen ihren Sitz meistens andernorts haben.

Option 4: Externe Berater und Fachkräfte für den jeweiligen Einzelfall

Ergänzend zu den ersten drei genannten Angeboten können Sie im Einzelfall einen speziell ausgebildeten Fachberater hinzuziehen. Hier sollten Sie vorsorgend für die häufig vorkommenden Krisenthemen Kontakt zu geeigneten Personen aufnehmen und sich über deren Angebot und Konditionen erkundigen, sodass Sie im Krisenfall schnell Hilfe organisieren können. Das betrifft vor allem einen professionellen Berater für Angehörige pflegende Berufstätige – achten Sie auf den Unterschied: Hier sollten Sie keinen Berater hinzuziehen, der sich nur mit »pflegenden Angehörigen« auskennt, sondern er sollte spezialisiert sein auf Menschen, die berufstätig sind und einen Angehörigen pflegen. Des Weiteren sollten Sie einen Trauerbegleiter vorbeugend kennenlernen. Auch die Kontaktdaten eines geeigneten Suchtberaters und eines Familienberaters sollten Sie jederzeit zur Verfügung haben und jedenfalls einen Sozialberater bereits einmal persönlich kennenlernen, damit dieser nötigenfalls kurzfristig einem Mitarbeiter in einer Ausnahmesituation Unterstützung bieten kann.

Professionelle Trauerbegleitung

In der Trauerbegleitung geht es – ausdrücklich anders als in Psychotherapie oder im Coaching – vorrangig *nicht* darum, Ziele zu erreichen, Verhaltensstrategien zu entwickeln oder Lösungen zu finden. Es geht stattdessen um die Trauer des von einem Todesfall einer nahestehenden Person Betroffenen: um die vorhandenen Gefühle, um die Sprach- und die Fassungslosigkeit, um die Anerkennung des Leids, um die Annahme und Akzeptanz des Betroffenen, so wie er jetzt ist. Es geht um die Bedürfnisse des Trauernden, um das, was er jetzt braucht, was ihm guttut, was ihm nicht guttut, und oft auch um die großen Fragen des Lebens, beispielsweise: Warum musste das geschehen? Warum musste dieser Mensch sterben? Warum müssen Menschen überhaupt sterben? Fragen nach dem Sinn des Lebens oder nach Glaubensüberzeugungen – solcherlei Tiefe wird immer berührt.

Wenn ich in Vorträgen davon berichte, wie eine Trauerbegleitung verlaufen kann, werde ich oft gefragt: »Also da wird vor allem geredet?« Ja, tatsächlich ist das oft so, wobei dem Trauerbegleiter vor allem die Rolle zukommt, ganz genau zuzuhören. Doch manchmal wird auch gemeinsam geschwiegen und manchmal erleben die Trauernden gerade das als hilfreich. An sich geht es darum, in Worte zu fassen, was da ist, den Bodensatz auf dem Seelengrund des Trauernden sichtbar werden zu lassen, das Leid aussprechen und vielleicht dadurch besser aushalten zu können. Die professionelle Begleitung unterstützt den Trauernden darin, seinen eigenen Trauerweg zu finden und diesen zu gehen, vielleicht auch nach persönlichen Ressourcen zu schauen.

Manchmal erfordert dies nur ein Treffen, manchmal einige oder mehrere Sitzungen, je nach Auslöser der Trauer.

Ich selbst habe gute Erfahrungen damit gemacht, nach dem »Fünf-Stunden-Prinzip« zu arbeiten. Im jeweils fünften Gespräch ziehen der Begleiter und sein Klient eine Bilanz und betrachten den zurückliegenden Prozess und die Frage, was sich verändert haben könnte. Es ist selten sinnvoll, eine unbegrenzte Anzahl an Gesprächen in Aussicht zu stellen.

Üblicherweise bietet ein Trauerbegleiter ein Erstgespräch an, in dem zuerst die weiteren Rahmenbedingungen und das Anliegen des Trauernden besprochen werden und beide feststellen, ob sie sich einen gemeinsam gestalteten Prozess vorstellen können. Manche Trauerbegleiter bieten dieses Erstgespräch übrigens kostenlos an oder zu einem reduzierten Kostensatz.

Gleichermaßen kann eine Trauerbegleitung für Teams durchaus sinnvoll sein, wenn es in einer Firma zu einem Todesfall gekommen ist (siehe dazu die in Kapitel 6 ausgeführten Gedanken).

Achten Sie bei der Suche nach einem geeigneten Trauerbegleiter auf Hinweise zum Ausbildungsweg des jeweiligen Trauerbegleiters. Hat der Anbieter eine fundierte Qualifizierung absolviert, die ihn dazu berechtigt, die Tätigkeit auszuüben? Verfügt er sogar über ein Zertifikat des Bundesverbands Trauerbegleitung, also über eine Ausbildung, die nach den Standards des Bundesverbands absolviert wurde? Die Ausbildung sollte explizit auf Trauerbegleitung ausgerichtet gewesen sein. Ausbildungswege, die einen Menschen zur Sterbebegleitung oder zum Coaching befähigen, haben andere Inhalte und andere Zielsetzungen. Fragen Sie einen Anbieter bei der ersten Kontaktaufnahme nach seiner Ausbildung.

Trauerbegleiter, die sich im Bundesverband Trauerbegleitung (BVT) zusammengeschlossen haben, sind auf der Internetseite des BVT gelistet: www.bundesverband-trauerbegleitung.de. Unter dem Menüpunkt »Hier finden Sie …« und dann »Trauerbegleitende« klappt dort eine Landkarte auf, auf der die in den verschiedenen Regionen tätigen Trauerbegleiter angezeigt werden.

Professionelle Beratung für Angehörige pflegende Berufstätige

Während es bei Trauer darum geht, die Ohnmacht anzuerkennen und sie besprechbar zu machen, gibt es im Bereich Pflege zahlreiche Möglichkeiten, tatsächlich gute Lösungen für die Situation herbeizuführen. Anders gesagt: Trauer ist nicht machbar, Pflege aber durchaus. Zahlreiche gesetzliche Regelungen, Unterstützungsangebote (vor Ort oder bundesweit), Zuschussmöglichkeiten und so weiter sind verfügbar, um deren Existenz man wissen muss. Hierbei kommt es also vor allem darauf an, dass viel Wissen im Unternehmen implementiert wird und dass der jeweilige Berater vor Ort möglichst gut vernetzt und gut informiert ist. Wie das gut gelingen kann, zeigen einige Beispiele im folgenden Teil 2.

Neben Faktenwissen über Rechtliches und Finanzielles sind in der Beratung pflegender Angehöriger mögliche Arbeitszeitmodelle, Umgang mit persönlichen Ressourcen sowie Selbstfürsorge häufige Themen. Darüber hinaus werden Fragen und Themen besprochen, die weit tiefer gehen. Denn Mitarbeiter, die einen Angehörigen pflegen, werden ständig mit Fragen der Begrenztheit von physischer und psychischer Kraft sowie der Gebrechlichkeit des Lebens konfrontiert – letztlich mit der Endlichkeit des Lebens. Das wirkt in den Menschen nach und kann vielerlei Ängste oder Scham auslösen. Ein guter Pflegeberater weiß daher nicht nur um die vielen gesetzlichen und sonstigen Regelungen und die zig Fördermöglichkeiten, die es gibt (was ihn vor allem vom Sozialberater ohne Pflegeschwerpunkt unterscheidet), er hat außerdem genug Sensibilität und Feingefühl, einen achtsamen Umgang mit den Grenzfragen des Lebens zu wahren, wofür es eine gute Qualifizierung braucht.

Bei der Auswahl eines Pflegefachberaters sollten Sie neben der fachlichen Kompetenz und der oben erwähnten Spezialisierung auf Pflegende, die zugleich berufstätig sind, auf die Vernetzung vor Ort, besonders auf die Erreichbarkeit der Person, achten und deren Bereitschaft, sich auch auf außergewöhnliche Terminwünsche der Rat suchenden Mitarbeiter einzustellen, da diese wegen der Doppelbelastung durch Pflege und Beruf in der Regel wenig flexibel sind.

Teil 2
Best-Practice-Beispiele, gute Ideen und Vorbilder

10. DIE PIONIERE DER TRAUERARBEIT IN UNTERNEHMEN: WIE SICH DIE HANDWERKSKAMMER KOBLENZ ALS VORREITER UM EIN WICHTIGES THEMA VERDIENT MACHT

Wer sich für das Thema »Trauer am Arbeitsplatz« interessiert, den führt fast jede Spur, der er folgen kann, irgendwann zu der Handwerkskammer in Koblenz. Aus gutem Grund: Was dort bereits im Jahr 2009 begonnen hat, ist echte Pionierarbeit, die zuletzt mit dem Angebot der sogenannten »Letzte-Hilfe-Kurse« für Unternehmen in Kooperation mit regionalen Hospizeinrichtungen noch eine sinnvolle Ergänzung erfahren hat. Und schon im Jahr 2012 formulierten die Initiatoren des Koblenzer Projektes ein engagiertes Ziel hinsichtlich der Unterstützung für Trauernde am Arbeitsplatz, das allerdings leider noch nicht erreicht wurde: »Sinnvoll wäre es, ein Gesamtkonzept zu entwickeln, das bundesweit Einsatz finden kann. Dazu gehört auch eine gemeinsame Evaluation.«[45]

Obwohl dieses Projekt hochprofessionell aufgestellt ist, sich einer enormen Aufmerksamkeit erfreut und die Angebote sehr viel in Anspruch genommen werden, handelt es sich um eine rein ehrenamtlich betriebene Maßnahme. Und obwohl das Projekt bei einer Handwerkskammer angesiedelt ist, sind die Unterstützungsangebote grundsätzlich offen für alle, also nicht nur für Angestellte handwerklicher Betriebe, die Mitglieder der Kammer sind. »Ich müsste sonst bei jedem Anrufer zuerst fragen: ›Sind Sie auch in der Handwerksrolle eingetragen?‹«, begründet Barbara Koch diese großzügige Öffnung. Sie ist hauptamtlich Geschäftsführerin für den Bereich Personal und Finanzen bei der HWK Koblenz, und bei ihr laufen auch alle Fäden bezüglich des Projekts »Trauer am Arbeitsplatz« zusammen.

Der erste Impulsgeber war der Kardiologe und Palliativmediziner Dr. Martin Fuchs, der im Jahr 2009 nach einem Kooperationspartner suchte und bei der Handwerkskammer auf Interesse stieß.

Und so funktioniert die Unterstützung: Bereits 2009 wurde eine Hotline eingerichtet, durch die Hilfebedürftige telefonischen Kontakt aufnehmen können. In dem Erstkontakt werden – unter größter Vertraulichkeit und gesichertem Datenschutz – anhand einer Checkliste die wichtigsten Fakten erfragt:

- Wie beschreibt der Anrufer die Länge, Art und Auswirkungen der Trauer? Tatsächlich war von 14 Tagen Abstand seit dem Trauerfall bis zu fünf Jahren alles schon dabei.
- Was ist für den Anrufer derzeit das größte Problem?
- Wer hilft schon?
- Danach wird die Frage gestellt: »Darf ich Ihren Chef kontaktieren?« Interessanterweise wollen das die meisten Anrufenden lieber nicht.
- Die Größe des Unternehmens wird erfragt und, falls es sich um ein kleineres handelt, ob der Betrieb in Gefahr ist (weil beispielsweise der Firmengründer und Geschäftsführer gestorben ist).
- Danach wird ausgelotet, wer helfen kann: Mit wem aus der Projektgruppe möchte der Anrufer kurzfristig ein Vier-Augen-Gespräch führen? Professionelle Trauerbegleiter, Theologen, Psychologen, Psychotherapeuten und andere gehören zum Team beziehungsweise können unterstützend angefragt werden.

Folgende Erfahrungen haben die Initiatoren in ihren ersten zehn Jahren gemacht:

- Das Interesse von Einzelpersonen an einer individuellen Beratung war größer, das Interesse an Beratung seitens der Unternehmen war geringer als zuvor angenommen. Es haben sich zu etwa 80 Prozent Arbeitnehmer gemeldet, zu rund 20 Prozent Betriebe.
- Es besteht ein großer Wunsch nach Anonymität, also anonyme Beratung.
- Je größer ein Unternehmen ist, desto drängender ist das Thema für die Betroffenen.

Vor allem Letzteres überraschte die Initiatoren des Projekts zunächst, wie Barbara Koch berichtet. »Wir hatten gedacht, das sei vor allem ein Thema für die kleinen und mittelständischen Betriebe, aber das Gegenteil ist der Fall. Es hat sich herausgestellt: Je größer der Betrieb, desto größer der Bedarf.« Auch ein Dax-Unternehmen war schon bei den Interessenten dabei. »Vermutlich«, sagt Koch, »ist in kleineren Betrieben eben wegen der größeren Nähe zueinander ein ganz anderer Umgang mit den Themen Tod und Sterben möglich und Praxis.«

Übrigens sind gelegentlich auch Krankenhäuser oder Pflegeeinrichtungen unter den Interessenten, beispielsweise wegen Trauer bei Patientenverlust, ebenso gibt es immer wieder auch Anfragen von Betreibern von ÖPNV-Diensten, hier vor allem wegen des Themas Trauer nach Unfällen oder Suiziden.

Dass der Tod nie weit entfernt ist, wo viele Menschen zusammenkommen, ist eine Erfahrung, die Projektbetreuerin Barbara Koch in der Handwerkskammer Koblenz regelmäßig macht: »Bei rund 300 Mitarbeitern haben wir durchschnittlich jede Woche den Fall, dass ein Angehöriger oder enger Freund eines Mitarbeiters verstirbt«, sagt sie.

Seit einigen Jahren wird das Projekt von Hochschulen begleitet – so vom Institut für Soziologie der Universität Koblenz. Ein Semester lang ging es zum Beispiel innerhalb des Soziologiestudiums um die Themen Tod, Trauer und Berufsleben und um die Frage, wie eine sinnvolle Begleitung am Arbeitsplatz aussehen könnte.

Immer wieder überrascht die Handwerkskammer Koblenz zudem durch ungewöhnliche Ergänzungen ihres Trauerprojektes: 2017 beispielsweise zeigten die Initiatoren eine bundesweit verfügbare Ausstellung über »Trauer-Tattoos« und koppelten dies an eine Aktion für Auszubildende und für junge Geflüchtete, die durch Henna-Tattoos ihre eigenen inneren Schmerzen und Verlusterfahrungen sichtbar werden ließen.

Aktuell entsteht in Zusammenarbeit mit dem Evangelischen Institut für berufsorientierte Religionspädagogik (BiBor) an der Universität Bonn für den Religionsunterricht an Berufsbildenden Schulen ein Materialband über den Umgang mit Erfahrungen von Sterben, Tod und Trauer im Kontext der Arbeitswelt. Auch Lehrerfortbildungen sind geplant.

Aus der Sicht der Personalerin betont Barbara Koch: »Das Thema Trauer am Arbeitsplatz steht in ganz enger Verbindung mit dem Thema attraktiver Arbeitgeber – das gehört einfach dazu.«

11. EIN ARBEITSKREIS ZUM THEMA TRAUER IN DER ARBEITSWELT UND EIN FÄHRMANN ALS INITIATOR: WAS IN HAMBURG GESCHIEHT, IST IN DEUTSCHLAND BISLANG EINMALIG

Neben Koblenz hat sich auch in Hamburg ein zweites Vorbildprojekt zum Thema etabliert. Als Kernelement spielt dabei die Hamburger Gesundheitshilfe eine spezielle Rolle, denn diese hat mit ihrer Beratungsstelle »CHARON« schon vor über 30 Jahren, nämlich 1989, eine psychosoziale Hilfseinrichtung geschaffen. Sie wird inzwischen immer stärker auch im Bereich Trauer am Arbeitsplatz angefragt und hat durch weitere Vernetzung sowie das Einrichten eines Arbeitskreises zu diesem Thema etwas in Deutschland bislang Einmaliges initiiert. Der Name »CHARON« geht auf den Fährmann aus der griechischen Mythologie zurück, der nach der ordnungsgemäßen Bestattung der Körper der Verstorbenen mit seinem Boot die Seelen der Gestorbenen in die Unterwelt transportieren musste. Dass der Fährmann in Texten und auf Bildern als alt und düster dargestellt wird, hat mit der Hamburger Realität indes nichts zu tun: In den im siebten Stock im Hamburger Ortsteil Uhlenhorst gelegenen und lichtdurchfluteten Räumlichkeiten wird der Gast von überaus freundlichen Menschen willkommen geheißen.

An dem Arbeitskreis »Trauer in der Arbeitswelt« sind Wirtschaftsunternehmen, Behörden, soziale Einrichtungen, Klein- und mittelständische Unternehmen und andere Einrichtungen beteiligt, die aus vielerlei Branchen stammen: Banken, Versicherungen, Handel, Schifffahrt, städtische Einrichtungen, Chemie, Pharma, Medien und mehr – eine vielfältige Mischung aus rund 25 Unternehmen. Das erste Treffen fand 2015 in Form eines Fachtags auf dem Ohlsdorfer Friedhof statt.

Man trifft sich drei Mal im Jahr für rund drei Stunden an wechselnden Orten mit wechselnden Themen und es gibt immer wieder Impulse oder Vorträge von externen Referenten. Als ich selbst dort einmal zu einem Kurzvortrag zum

Thema »Männertrauer« eingeladen war, hat mich die Selbstverständlichkeit, mit der man mit Aspekten der Trauer umgeht, beeindruckt. Es war spürbar, dass sich die Beteiligten dem Thema eben aktiv zuwenden, statt auszuweichen.

Eine eigene Broschüre mit wertvollen Informationen zum Thema Trauer am Arbeitsplatz zu erstellen war ein weiterer wichtiger Projektbaustein für das Hamburger Netzwerk. Die 28 Seiten umfassende Publikation kann man über die Hamburger Gesundheitshilfe beziehen.[46]

Annika Schlichting hält die Fäden in der Hand. Die Nachfrage wächst kontinuierlich, beobachtet sie: »Die meisten Unternehmen erlebe ich derzeit noch als eher reaktiv, aber das Interesse nimmt merklich zu«, sagt sie.

Ursprünglich einmal gestartet als ausgebildete Sozialpädagogin, hat sich Annika Schlichting durch Zusatzqualifikationen zur Personalberaterin, Trainerin, zum systemischen Coach sowie mit einer Trauerbegleiterausbildung am Institut für Trauerarbeit in Hamburg vielfältige Kompetenzen angeeignet. So ist auch sie für einen weiteren Aspekt ihrer Arbeit optimal aufgestellt: Sie geht in Unternehmen oder Institutionen und arbeitet mit Teams und einzelnen Mitarbeitern, wenn es dort zu einem Todesfall gekommen ist.

War die Beratungsstelle CHARON anfangs mehr auf die Unterstützung von Menschen am Lebensende ausgerichtet, kennzeichnen heute eher die Beratungen von Trauernden und Hinterbliebenen die Arbeit von CHARON und es spielt der Bereich der Unternehmensberatungen eine immer größere Rolle. Seminare, Öffentlichkeitsarbeit, eine Sensibilisierung für die Themen gehören ebenfalls zu dem breiten Angebot von CHARON.

Bei der Hamburger Gesundheitshilfe handelt es sich um eine gGmbH. Einzelberatungen für Hamburger Bürgerinnen und Bürger sind kostenfrei. Angebote und Honorare für Fachberatungen, Seminare und Schulungen durch CHARON werden jeweils mit den Auftraggebern abgestimmt.

Annika Schlichting schildert hinsichtlich der Interessenten die gleiche Erfahrung wie die Ehrenamtlichen der Handwerkskammer Koblenz: »Größere Unternehmen fragen uns öfter an als kleinere Betriebe.« Und in jüngster Zeit sei häufig das Thema »Unheilbare Erkrankungen bei Kollegen« dazugekommen, verbunden mit Fragen dazu, wie ein Team mit dem nahenden Tod eines Kollegen umgehen kann. »Da gibt es natürlich eine große Unsicherheit und Betroffenheit«, sagt sie. Und deshalb begrüßt sie es, wenn sie frühzeitig intervenieren kann: »Den Teammitgliedern tut es dann gut, wenn sie Informationen über die sogenannte vorgezogene und/oder die aktuelle Trauer bekommen und wenn sie die Möglichkeit zum Reflektieren nutzen können, letztlich der Mix, der auch nach Todesfällen als hilfreich erlebt wird.«

In vielen Fällen erleben die Teams ihre Intervention als positive Bestätigung: »›Gut, wir machen ja schon vieles richtig‹, äußern sie erleichtert. Denn es gibt oft instinktiv ein gutes Gespür dafür, was hilfreich ist und was nicht«, hat die Beraterin erfahren. In der Beratung zum Thema Tod und Trauer geht es oft darum, Menschen Sicherheit zu geben.

Ein weiteres Thema, mit dem die Fachfrau leider auch konfrontiert wird, ist der Suizid eines Angestellten in seinem Unternehmen – eine Erfahrung, die für die Menschen im Umfeld des Betreffenden oder denjenigen, der diesen aufgefunden hat, traumatisierend sein kann. »Dann biete ich Einzelgespräche an oder verweise an die Trauma-Ambulanz und biete eine Einzelberatung im Nachgang an«, sagt Annika Schlichting.

Die Anfragen für Führungskräftetrainings im Bereich Trauer nehmen in jüngster Zeit zu. In den Trainings geht es vorwiegend um die Haltung sowie die eigene Erfahrung und Betroffenheit (siehe dazu auch Kapitel 2).

12. ÜBER TRAUER SPRECHEN LERNEN: EINE VORBILDLICHE INITIATIVE ZUR AUSBILDUNG VON ERSTHELFERN BEI TRAUER AM ARBEITSPLATZ

Der Kurs heißt »Über Trauer spricht man nicht«, aber das könnte sich bald ändern. »Eigentlich ist mir das nicht auffordernd genug«, sagt Annette Wagner, die eine der beiden Kursleiterinnen und Organisatorinnen dieses großartigen Angebots ist. Sie ist pädagogische Leiterin im Wittener Trauerzentrum »traurig – mutig – stark« sowie Vorstandsmitglied des Bundesverbands Trauerbegleitung. Eine mögliche Idee für einen neuen Titel hat sie auch schon: »Sprich mit mir über Trauer«.

Der Kurs wird von der Evangelischen Erwachsenenbildung Ennepe-Ruhr e. V. und dem in Wuppertal, Hattingen und Witten aktiven Verein »traurig – mutig – stark« veranstaltet. Unter dem Untertitel »Trauernde begleiten am Arbeitsplatz« werden in dem Kurs seit 2013 jeweils bis zu acht Kursteilnehmer dazu qualifiziert, mit von Trauer betroffenen Mitarbeitern aus ihren Unternehmen zu sprechen – also sozusagen eine kleine Begleitung anzubieten. Diese kostenlose »Erstversorgung« kann mehrere Gespräche umfassen. Der Kurs wird als »Befähigung zur Trauerbegleitung im Ehrenamt« angeboten, doch die Idee ist, dass diese ehrenamtliche Tätigkeit innerhalb der Unternehmen zwar nicht extra honoriert wird, aber doch möglichst innerhalb der Arbeitszeiten angeboten werden kann. Letztlich obliegt es aber nach der Qualifizierung jedem Teilnehmer selbst, wie er seine Tätigkeit in Absprache mit seinen Vorgesetzten gestalten und anbieten möchte.

Das Projekt dürfte deutschlandweit einmalig sein; jedenfalls konnte ich trotz intensiver Recherche keine vergleichbaren Modelle ausfindig machen. Wohl aber gibt es in Österreich seit 2018 das Modell der »Trauervertrauenspersonen«, die in einer dreistufigen Ausbildung qualifiziert werden, die von der Gewerkschaft Vida angeboten wird.[47]

Die Teilnehmerzahl zu dem Kurs »Über Trauer spricht man nicht« ist auf acht Teilnehmer pro Kurs begrenzt. So ist die Kursarbeit besonders intensiv. Zudem bieten die Räume des Vereins in Witten auch nicht mehr Möglichkeiten. »Wir gehen ja nicht in den Betrieb, sondern die Mitarbeiter kommen zu uns – sehr bewusst«, sagt Annette Wagner. Weil der Kurs auf 80 Stunden ausgelegt ist, den Teilnehmern aber pro Jahr nur 40 Stunden Bildungsurlaub zustehen, wird die Qualifizierung in zwei Module zerteilt, von denen das erste gegen Ende eines laufenden Jahres stattfindet, das zweite dann bald im folgenden Jahr.

Teilnehmer waren bislang unter anderem Starkstromelektriker, Angestellte aus einem Chemiewerk, Lehrer, Mitarbeiter verschiedener verarbeitender Betriebe, auch immer wieder Menschen aus dem Gesundheitswesen, die Stationsleitung einer Onkologie beispielsweise, aber vor allem Physiotherapeuten, die auch viel in Hospizen arbeiten. Bei den meisten der Teilnehmer tragen die Arbeitgeber die Kosten für die Qualifizierung, derzeit 750 Euro.

So übernahm beispielsweise auch die Dortmunder Agentur für Arbeit für ihre Angestellte Anne Bentmann die Kursgebühr. Diese hat ihren Dienstsitz zwar in Dortmund, doch als stellvertretende Gleichstellungsbeauftragte ist sie innerhalb eines Kooperationsverbunds verschiedener Einrichtungen zuständig für die Agenturen in Dortmund, Hamm, Hagen, Iserlohn, Siegen sowie für die Familienkassen NRW-Ost. Da sie privat ohnehin im Hospizbereich engagiert ist, war Anne Bentmann immer eine gut geeignete Ansprechpartnerin im Bereich solcher menschlichen Grenzsituationen. Sie zur Trauer-Ansprechpartnerin zu qualifizieren war ein sinnvoller Schritt ihres Arbeitgebers, das würde auch innerhalb der Belegschaft durchaus so anerkannt, sagt Anne Bentmann: »Ich bekomme öfter gespiegelt: Der Arbeitgeber tut auch in diesem Bereich was, das ist gut.« Ohnehin sei das neue Angebot »sehr, sehr gut aufgenommen« worden.

Es sei sehr unterschiedlich, wie sie ins Gespräch mit Kollegen komme. »Manche trauen sich, nur so zwischen Tür und Angel mal eine Frage zu stellen, manchmal biete ich meine Dienste auch offensiv an«, erzählt Anne Bentmann. Gelegentlich hält sie Kurzvorträge darüber, wie Trauer funktioniert, beispielsweise für Teams, in denen das Thema gerade aktuell ist, weil ein naher Angehöriger eines Mitarbeiters gestorben ist oder ein Mitarbeiter selbst. Und manchmal hätten die Mitarbeiter der Agenturen, die im sogenannten Kundenkontakt stehen, auch mit Todesfällen bei ihren Kunden zu tun und Fragen zum Umgang damit.

Für Anne Bentmann war es gut, dass der Tod ihres eigenen Ehemanns schon einige Jahre her war, bevor sie an dem Kurs teilnahm, sagt sie. Denn die Fragen der eigenen Betroffenheit spielen bei der Trauerbegleitung eine wichtige Rolle. Vor Kursbeginn findet deshalb ein Orientierungstag statt, in dem die potenziellen Teilnehmer nicht nur die Räume und die Dozentinnen kennenlernen, sondern auch die Inhalte. Außerdem können sich die Teilnehmer schon einmal kennenlernen. Denn wie auch bei der großen Qualifizierung zum Trauerbegleiter, für die der Bundesverband Trauerbegleitung inzwischen ein deutschlandweit geltendes Curriculum aufgelegt hat, gilt für diese Qualifizierung im Ehrenamt: Wer selbst noch zu stark mit einer eigenen Trauer befasst ist, ist für die Teilnahme nicht geeignet.

Der gesamte Kurs umfasst 80 Unterrichtsstunden. Wie sich der Teilnehmerkreis eines solchen Kurses zusammensetzt, ist übrigens stark abhängig davon, wie die Kurstage liegen, hat Annette Wagner beobachtet. Denn meistens werden die Kurstage auf verschiedene Wochentage verteilt. Dann zieht er vor allem Interessierte aus der Region Ruhrgebiet an. Als der Kurs einmal in Wochenblöcken angeboten wurde, nahmen Menschen aus ganz Deutschland teil.

Die Teilnehmer haben nach erfolgreichem Abschluss des Kurses zudem die Möglichkeit, an Gruppensupervisionen teilzunehmen, wo sie über Erfahrungen, die sie vielleicht belasten, berichten und sich austauschen können. Diese finden allerdings in Witten statt. Zudem werden die Teilnehmer zu den Fachtagungen eingeladen, die einmal im Jahr in Witten vom Verein »traurig – mutig – stark« organisiert werden. Hier ist auch Anne Bentmann immer mal wieder zu Gast, um gut informiert zu bleiben und die eigene Reflexionsfähigkeit aufrechtzuerhalten.

13. WAS EINE ENGAGIERTE PERSON BEWIRKEN KANN: BEI DER VERKEHRSBETRIEBE HAMBURG-HOLSTEIN GMBH WIRD ES SICHTBAR

Nur wenige Tage vor der Weihnachtsfeier stirbt in einem der Betriebshöfe der Verkehrsbetriebe Hamburg-Holstein GmbH (VHH) ein Mitarbeiter. Wenn so etwas geschieht, ist Christiane Bossel-Schwenck gefragt. Auf ihrer Visitenkarte steht zwar »Personalentwicklung« als Aufgabengebiet, aber wenn es um die Themen Tod, Trauer und Sterben geht, ist das seit einigen Jahren ebenfalls ein Kerngebiet. Christiane Bossel-Schwenck ist ein herausragendes Beispiel dafür, was eine motivierte Person mit guten Ideen und mit viel Gestaltungsspielraum innerhalb eines ganzen Unternehmens bewirken kann.

Für Christiane Bossel-Schwenck ist die Beschäftigung mit den Themen Tod, Trauer und Sterben auch außerhalb des Arbeitskontextes ein wichtiges Betätigungsfeld: Seit 2012 ist sie als Ehrenamtliche im Hamburger Hospiz aktiv; ebenfalls ehrenamtlich leitet sie zudem zusammen mit der dortigen Pastorin das Trauercafé im Ortsteil Niendorf. Aufgrund dieser Erfahrungen habe sie mit ihrer Chefin die Idee besprochen, ob sie eine Trauerbegleiter-Qualifizierung absolvieren dürfte – mit dem Ziel, bei Bedarf Kollegen im Unternehmen mit Gesprächen zur Seite zu stehen, erinnert sich die charismatische Personalentwicklerin mit dem typischen Hamburger Dialekt. Die Chefin hatte ihre Anfrage gutgeheißen. Seither verfügen die VHH über eine firmeninterne Trauerbegleiterin – und die hat sich schon an vielen Stellen verdient gemacht.

Ihr Motto ist: »Manchmal muss man einfach machen.« So hat sie das nach dem Tod des Kollegen auch bei der Weihnachtsfeier gehandhabt. Kurzerhand widmete sie einen leeren Tisch zum Kondolenztisch um und legte dort ein Buch mit Blankoseiten aus. Wie bei dieser Weihnachtsfeier alle Mitarbeiter in einer Schlange vor dem Tisch standen, um sich in das Kondolenzbuch einzutragen, daran erinnert sich die Personalerin heute noch gerne. »Die Mitarbeiter haben da nicht einfach nur ihren Namen hineingeschrieben, sondern ganze wertschätzende, emotionale Beiträge. Das Buch war nachher voll.« Der improvisierte Trauerbereich wurde zu einem zentralen Bestandteil einer Feier, die alle als gelungen erlebten – weil sie die Elemente Abschied, Lebensende, aber auch die Feier des Lebens unaufdringlich zu vereinen verstand. Manche Mitarbeiter wünschten sich ein Foto von dem Tisch und das bekamen sie natürlich auch, genauso wie die Angehörigen. Das ist ein schönes Beispiel dafür, wie mit wenig Aufwand und simplen Mitteln Gutes bewirkt und Wertschätzung ausgedrückt werden kann. Wie gut, wenn es in solchen Situationen jemanden gibt, der sich um so etwas kümmern kann und möchte und die Bedürfnisse der Betroffenen im Blick behält.

Was genau ist die VHH eigentlich? Von außen betrachtet ist sie einfach ein großes Unternehmen; von der Presseabteilung des Unternehmens bekomme ich auf diese Frage die folgende Antwort: »Die Verkehrsbetriebe Hamburg-Holstein GmbH (VHH) ist mit rund 1700 Mitarbeiter*innen und 558 Bussen das zweitgrößte Nahverkehrsunternehmen Norddeutschlands. Die VHH ist Partner im Hamburger Verkehrsverbund (HVV) und bietet die Personenbeförderung mit Omnibussen in der Metropolregion Hamburg an. Das Verkehrsgebiet der VHH reicht von Wedel im Westen über Quickborn im Norden bis nach Lauenburg im östlichen Hamburger Umland. Die 12 Standorte der VHH bilden einen Gürtel um die Hansestadt. Von hier aus starten die Busse der VHH zu ihren Fahrten im Hamburger Stadtgebiet und den Umlandkreisen innerhalb des HVV.«

Noch beeindruckender ist dieses Unternehmen, wenn man nach innen schaut: Jeder, der möchte, kann bei der Personalerin jederzeit firmenintern eine Trauerbegleitung bekommen. Einen Mitarbeiter, der ein Kind verloren hatte, begleitete sie drei Jahre lang. Bei einer Mitarbeiterin, die schwer an Krebs erkrankt ist, hat sie sich ein paar Mal ganz unaufdringlich, auch als die Mitarbeiterin abwesend von der Firma war, nach ihrem Befinden erkundet – was diese als sehr wertschätzend erlebt habe, sagt Christiane Bossel-Schwenck. Erkrankte Mitarbeiter dürfen nicht durch ihre Abwesenheit in Vergessenheit geraten, ist ein Credo der Personalerin.

Für einen muslimischen Mitarbeiter, der bei einem Verkehrsunfall tödlich verunglückt war, organisierte sie einmal ein auf dem Betriebshof stattfindendes rituelles Totengebet.

Eine ihrer Aufgaben war es auch, die zuvor nur per Aushang mitgeteilten Todesnachrichten über gestorbene Mitarbeiter neu und individuell zu gestalten. Nun haben sie nicht nur eine neue Gestaltung bekommen, Christiane Bossel-Schwenck kümmert sich auch jedes Mal selbst um den Text, auch wenn sie nicht alle der gestorbenen Mitarbeiter persönlich kannte und ihnen nicht so nah war wie beispielsweise deren Vorgesetzte und Kollegen: »Ich bin manchmal einfach freier als ein Vorgesetzter, unbelasteter, sehe den Menschen objektiver«, sagt die Trauerbegleiterin. Also sammelt sie Eindrücke von den Kollegen, die ihn am besten kannten. So bekommt sie auch einen Eindruck von deren Verfassung und Umgang mit dem Tod und ob sie beispielsweise eine zusätzliche Begleitung anbieten sollte.

Ist ein Mitarbeiter gestorben, baut sie in dem Betriebshof, in dem er gearbeitet hat, einen kleinen Kondolenzbereich auf. Dafür haben die VHH extra elf (für jeden Betriebshof) Stehtische zum Zusammenstecken anfertigen lassen. Sie sind silbern gehalten und beanspruchen nicht viel Raum. Auch silberbeschichtete Kondolenzkarten gehören zum Equipment dazu.

Stirbt ein Kollege plötzlich, sodass die ihm nahen Kollegen sich nicht von ihm verabschieden konnten, findet im Unternehmen eine Abschiedsveranstaltung für die Mitarbeiter statt. Der Verstorbene wird noch einmal in den Mittelpunkt gestellt. Rituale helfen dabei, einen Abschied zu gestalten, beispielsweise formulieren und gestalten die Kollegen eine Traueranzeige.

»Hinter jeder verstorbenen Arbeitskraft steht eine Persönlichkeit, die Wertschätzung über den Tod hinaus verdient«, das ist Christiane Bossel-Schwencks Überzeugung.

14. MUT ZUM VERTRAUEN BEI DER LIST AG: WIE EIN BAU-DIENSTLEISTER MIT EINER BESONDEREN PHILOSOPHIE DEN BEDÜRFNISSEN SEINER MITARBEITER BEGEGNET

»Meine Berufs- und Lebenserfahrung ist: Sie kriegen das investierte Vertrauen zurück.« Der Mann, der das sagt, ist zum Zeitpunkt unseres Gesprächs 43 Jahre alt und als Leiter des Bereichs Menschen & Teams, wie die Abteilung Human Resources der List AG beziehungsweise der List Gruppe heißt, verantwortlich für rund 360 Mitarbeiter, davon 160 am Sitz der AG in Nordhorn. Die Gruppe entwickelt, plant und baut in ganz Deutschland Immobilien aller Art, von Supermärkten bis zu Großprojekten. Zwölf Gesellschaften sind in der List Gruppe vereint, die Büros befinden sich in Nordhorn, Oldenburg, Bielefeld, im Rhein-Main-Gebiet, in München, in Essen oder auf einer der Baustellen.

Die Gruppe bewegt sich hinsichtlich der Arbeitskräfte in einem schwierigen Markt, denn in der Baubranche macht sich der zunehmende Fachkräftemangel schon massiv bemerkbar. Bauingenieure, Betriebswirte, Stahlbetonbauer, Architekten, Poliere, Sekretärinnen, Projektentwickler, Bauzeichner, Informatiker, sie alle werden händeringend gesucht. Wer seine Mitarbeiter halten will, muss sich etwas einfallen lassen.

Bei der List Gruppe hat man Mut zum Vertrauen und die Erfahrung gemacht, dass etwas Positives zurückgegeben wird, auch wenn es sich nicht präzise in ROI-Zahlen messen lässt. So lässt sich die Philosophie beschreiben, nach der Sebastian Wirbals handelt. Für den Personalchef bedeutet das: Zu sehen, was der Mitarbeiter braucht, wenn er in eine schwierige Situation geraten ist; immer in dem Wissen, dass die Firma ihm seine Probleme nicht abnehmen kann, aber ihm durch Empathie und mit Organisationswillen helfen wird. Also: Nichts lösen wollen, aber da sein, wenn etwas gebraucht wird. Das ist letztlich eine Haltung, die im Umfeld von Hospizen und Trauerbegleitern ebenso gelebt wird.

Dass Mitarbeiter Hilfs- und Unterstützungsangebote bekommen, gehört für Wirbals dazu. Die arbeitsvertragliche Pflicht der Bringschuld einer Arbeitsleistung für einen begrenzten Zeitraum auszusetzen, hat Wirbals einem Mitarbeiter in einer Pflegekrise angeboten. Mitarbeiter, die einen Verlust erlitten haben, bekommen das Angebot, sich durch von der Firma bezahlte externe Hilfskräfte begleiten zu lassen. Das wird kurzfristig und pragmatisch organisiert. Wichtig in diesen Dingen ist Wirbals der Pragmatismus: Nicht alles reglementieren, kein alles verzögernder Bürokratismus, sondern machen, das ist die Mentalität.

Im Gespräch wiederholt er einige Male: »Das geht alles auf Herrn List zurück.«

Wieder treffen wir, wie schon im vorherigen Beispiel aus Hamburg, auf eine Person, die der Motor dafür ist, viel Gutes zu implementieren. Diesmal ist es jedoch der Chef des Ganzen. Der Diplomingenieur Gerhard List leitet das 1901 gegründete Familienunternehmen nun in vierter Generation. Er setzt darauf, seinen Mitarbeitern auf Augenhöhe zu begegnen. Und offenbar setzt sich in alle Unternehmensbereiche fort, was oben vorgelebt wird. Die Mitarbeiter werden in vielfältiger Weise unterstützt: »Die Philosophie lautet: Wenn es einem schlecht geht, dann müssen wir auch was tun«, beschreibt es Sebastian Wirbals. So bekommen die Mitarbeiter beispielsweise eine private Krankenzusatzversicherung finanziert – ohne vorherige Gesundheitsprüfung und mit der Option der Ausweitung auf die Angehörigen. Zur Debatte steht aktuell die Frage, ob eine zusätzliche und vom Arbeitgeber zumindest mitbezahlte, wenn nicht gar ganz übernommene Pflegeversicherung eingeführt werden könnte.

Zu den weiteren Benefits, die das Unternehmen seinen Mitarbeitern gewährt, gehören: das Sportangebot »Qualitrain«, das in über 2300 Sport- und Fitnesseinrichtungen in ganz Deutschland flexibel genutzt werden kann, eine private Zusatzkrankenversicherung, die Erstattungen von bis zu 40 Prozent der Kosten bei zahnärztlichen Behandlungen oder Heilpraktikerbehandlungen sowie die Möglichkeit, gesetzlich versicherte Familienangehörige mitzuversichern (die Beiträge müssen privat gezahlt werden). Außerdem gehört für Mitarbeiter ab 40 und dreijähriger Betriebszugehörigkeit alle drei Jahre ein »Body Guard« genannter kompletter Gesundheits-Check-up zum Angebot der List Gruppe sowie die Möglichkeit des Bike-Leasings, also des Leasens von bis zu zwei Fahrrädern pro Mitarbeiter zu vergünstigten Konditionen.

»Wir haben hier ein großes Bewusstsein für die Herausforderungen des Lebens«, sagt Sebastian Wirbals. »Aber das kriegen Sie so natürlich nur in einem inhabergeführten Unternehmen hin.«

Das Überraschende dabei ist jedoch: Anders als manche Unternehmen, die ihre gelebte Menschlichkeit demonstrativ als Aushängeschild benutzen, gibt es bei der List Gruppe keinen Hang zum Kultischen. Gerhard List ist eben der Diplomingenieur, der die Firmen leitet.

Das Engagement scheint sich zu lohnen: »Wir haben im Branchenvergleich eine niedrige Fluktuation«, sagt Sebastian Wirbals. Die Baubranche ist ein hartes Geschäft, eine harte Branche, da wird natürlich auch viel verlangt, aber bei der List Gruppe wird eben auch viel zurückgegeben.

Wer sich die List AG in Online-Bewertungsportalen anschaut, ist überrascht, wie sehr sich das zu lohnen scheint. Die Website Kununu verzeichnet im September 2019 einen Score von viereinhalb Punkten (fünf ist die Höchstnote) und eine Weiterempfehlungsquote von 90 Prozent. Das hat Seltenheitswert. Anders als bei anderen Unternehmen hat der Arbeitgeber zudem nicht das Bedürfnis, unter die Kommentare der anonym schreibenden Mitarbeiter selbst einen Kommentar zu setzen. Und das alles, obwohl die Firma keinen Betriebsrat hat. Dass die List Gruppe zudem als »Top Arbeitgeber Mittelstand 2019« und »Top Arbeitgeber 2016« ausgezeichnet wurde, passt ins Gesamtbild – wobei längst nicht alle der entsprechend ausgezeichneten Arbeitgeber so gute Bewertungsquoten erreichen.

Sebastian Wirbals mag die These, dass die Arbeitnehmer heute viel massivere Forderungen an einen Arbeitgeber herantragen als früher, so nicht stehen lassen: »Ich glaube, mein Opa auf dem Pütt hatte ähnliche Wünsche an seinen Arbeitgeber«, sagt der im Ruhrgebiet geborene Personalchef.

15. FÜR ALLE FÄLLE: WIE DIE SOZIALBERATUNG BEI DER BEIERSDORF AG FUNKTIONIERT

»Oft wird ja gesagt, es ist wichtig, dass Menschen in Würde sterben können. Das ist unbestreitbar so. Gleichzeitig ist es auch wichtig, dass Menschen in Würde trauern können und dass eine Unternehmenskultur das in den Blick nimmt.« Diesen Satz sagte die bei der Beiersdorf AG in Hamburg arbeitende Diplom-Sozialpädagogin Frauke Zimmermann – und zwar in einer Rede, die die Sozialberaterin anlässlich des 30. Geburtstags der Hamburger Gesundheitshilfe (siehe Kapitel 11) gehalten hat.

Die Beiersdorf AG hat sich hinsichtlich der psychosozialen Beratung ihrer Mitarbeiter für eine komplett innerbetriebliche Lösung entschieden. Die ist am Standort Hamburg im Betrieblichen Gesundheitsmanagement unter dem Namen »GOOD FOR ME« angesiedelt und wird den über 3000 Mitarbeitern angeboten.

Drei fest angestellte Sozialberaterinnen bilden das Team der Sozialberatung. Frauke Zimmermann hat verschiedene Zusatzausbildungen im Bereich systemische Beratung, Coaching und Supervision absolviert und ist zum Zeitpunkt unseres Gesprächs bereits im achten Jahr als Sozialberaterin in diesem Unternehmen tätig.

Die Sozialberatung wird von den Angestellten gut angenommen. Dass die Gespräche absolut vertraulich sind und keine Informationen an Führungskräfte oder die Personalabteilung weitergegeben werden, haben die Mitarbeiter verinnerlicht. Die Probleme, mit denen sie in eine solche Beratung kommen, sind vielfältig: »Wir unterstützen und beraten die Mitarbeiter in unterschiedlichen Lebens- und Arbeitsphasen zu beispielsweise folgenden Themenfeldern: Vereinbarkeit von Familie und Beruf, Konflikte am Arbeitsplatz, psychische Belastungen, Langzeiterkrankungen, Abhängigkeiten, Trauersituationen und mehr«, sagt Frauke Zimmermann. Familiäre und persönliche Probleme oder Fragestellungen aus dem Bereich Arbeitsplatz halten sich ungefähr die Waage.

Dass das Thema Pflege zunehmend größer wird, hat das Team der Sozialberaterinnen bereits vor einiger Zeit festgestellt. Deswegen haben Frauke Zimmermann und eine ihrer Kolleginnen eine Zusatzqualifizierung als »Vereinbarkeitslotsen für Pflege und Beruf« absolviert, die in Hamburg angeboten wird (mehr dazu in Kapitel 16). »Das bedeutet, dass wir die ersten Ansprechpartnerinnen im Unternehmen sind und in einem Erstgespräch helfen, die Fragen zu sortieren und die Betroffenen durch alles hindurchzulotsen. Wir informieren und bei weiterführendem Bedarf vermitteln wir an Beratungsstellen.«

Der Bedarf ist laut Frauke Zimmermann hoch, vor allem psychosoziale Fragen wie beispielsweise »Wie halte ich die persönliche Belastung aus?« spielen eine große Rolle. »Manchmal gibt es in einer Pflegesituation auch noch Kinder zu Hause, dann müssen auch die versorgt sein. Unser Job ist es dann auch, Möglichkeiten aufzuzeigen, die Entlastungen bringen können«, beschreibt die Beraterin ihre Aufgabe. Deswegen sei es auch gut, dass die Sozialberatung direkt in die Firma implementiert sei – denn so wüssten die Berater besser um die Möglichkeiten wie flexible Arbeitszeiten, Jobsharing-Modelle und Ähnliches. »Wir sagen: Vereinbarkeit von Familie und Beruf umfasst eben nicht nur die jungen Eltern und die Betreuung der Kinder, sondern auch das Thema Vereinbarkeit von Pflege und Beruf«, sagt Frauke Zimmermann. »Meine Erfahrung ist die, dass die Lösungen sehr individuell sind; für den einen ist es hilfreich, die Stunden zu reduzieren, für den anderen ist es wichtiger, die Arbeitsstruktur so zu behalten, wie sie ist.«

Auch Tod und Trauer spielen bei 3000 Mitarbeitern eine große Rolle in der Arbeit der Sozialberaterinnen. Ist ein Mitarbeiter gestorben, beraten sie sowohl die Führungskräfte als auch die Mitarbeiter, bei Bedarf auch das betroffene Team. Hier zählen oft besonders die kleinen Impulse, meint Frauke Zimmermann: einen Ort und Rahmen schaffen, wo die Dinge angesprochen werden können; kleine Informationen über Trauer und den bei allen ganz unterschiedlichen Verlauf geben; ermutigen, auch Unsicherheiten anzusprechen, und vieles mehr.

Frauke Zimmermann erlebt auch oft, dass Trauer und Tod für ganz andere Prozesse Katalysatoren sein können: »Es kommt durchaus vor, dass das Thema dann Menschen sehr stark beschäftigt, die an sich selbst gar nicht oder nur entfernt betroffen sind. Da kommt vielleicht eine alte Trauer wieder hoch, die noch nicht bearbeitet ist.«

Die Klarstellung, dass die Führungskraft bei einem Trauer- oder Todesfall in ihrem Team nicht die Rolle des Psychologen oder Therapeuten hat, ist der erfahrenen Beraterin ebenfalls wichtig, außerdem, den Menschen im Umfeld eines Trauernden die Angst vor Fehlern zu nehmen. Weiterhin geht es ihr darum, die Führungskräfte zu entlasten, ihnen zu signalisieren, dass es gut ist, was sie tun, ihnen die Unsicherheit zu nehmen.

Eine wichtige Haltung, mit der die Beraterin an ihre Tätigkeit herangeht, ist der Leitsatz: »Von mir gibt es keine Ratschläge.« Der alten Weisheit folgend, dass Ratschläge eben auch Schläge sind, versteht sie ihr Angebot als eine Hilfe zur Selbsthilfe, bei der das Zuhören in Einzelgesprächen im Fokus steht.

Dass es bei Beiersdorf ein Team von Sozialberaterinnen gibt, weiß sie sehr zu schätzen: »Es ist gut, dass wir uns auf kollegialer Ebene austauschen können«.

16. VEREINBARKEITSLOTSEN PFLEGE UND BERUF: ANGESTELLTE MIT FACH- UND PFLEGEWISSEN AUSSTATTEN

In der Hansestadt Hamburg gibt es auch im Bereich Pflege ein hervorragendes Angebot: die Qualifizierung zum »Betrieblichen Vereinbarkeitslotsen Pflege und Beruf«. Ähnliche Ausbildungsangebote gibt es derzeit auch in Brandenburg und in Berlin.

In Hamburg kümmert sich die »Allianz für Familien«, eine Initiative von Senat, Handelskammer und Handwerkskammer, um die Durchführung dieses Projektes. Zielgruppe sind Fachkräfte im Betrieblichen Gesundheitsmanagement, Psychosozialberater, Personaler und Betriebsräte, also konkret Menschen aus Betrieben und Unternehmen. Der Ansatz in Berlin und Brandenburg ist etwas anders; hier werden ehrenamtliche Kräfte geschult, die aber nicht unmittelbar im Betriebskontext stehen müssen.

Im Herbst 2016 gestartet, wurden in Hamburg bis zum Sommer 2019 in vier Schulungsdurchgängen bereits 56 Vereinbarkeitslotsen ausgebildet. Die Fortsetzung des Projekts auch im Jahr 2020 ist fest eingeplant, teilten mir die Verantwortlichen mit.

In einem rund eineinhalb Tage dauernden Kurs werden die Teilnehmer darin geschult, allerlei Fachfragen zum Thema Pflege und Beruf zu beantworten wie beispielsweise die Unterstützungsangebote von Pflegekassen, oder verschiedene Arbeitszeitmodelle zu erläutern. Die Idee ist, dass die Teilnehmer die ersten Ansprechpartner in den Betrieben werden, damit die betroffenen Mitarbeiter von ihnen eine niederschwellige erste Unterstützung erhalten.

»Außerdem bieten wir drei ergänzende Zusatzseminare für Vereinbarkeitslotsen an«, erklärte mir Margret Tourbier-Stretz, die Leiterin der Geschäftsstelle der Hamburger Allianz für Familien. Diese Zusatzqualifikationen behandeln die Aspekte »Resilienz für berufstätige pflegende Angehörige«, »Positiver

Umgang mit Mitarbeitern, die psychisch belastet sind und Pflegeverantwortung tragen« und »Themen aus der Pflegeberatung: Aktuelle Trends, Auffrischung und Austausch zu den Erfahrungen der Vereinbarkeitslotsen«.

Die Kurse halten Referentinnen und Referenten, die als Berater der pme-Familienservice-Gruppe aktiv sind. Hierbei handelt es sich um einen Dienstleister, der in mehr als 70 Orten in Deutschland und Tschechien tätig ist und rund 2000 Mitarbeiter beschäftigt. Die pme-Familienservice-Gruppe fungiert beispielsweise als Partnerin beim Einrichten einer Betriebs-Kindertagesstätte oder als Beraterin zum Thema Vereinbarkeit von Familie und Beruf.

Die Kurse für Vereinbarkeitslotsen halten in der Regel Diplom-Psychologinnen, Gesundheitswissenschaftlerinnen, Krankenschwestern und Pflegeberaterinnen (nach § 7a SGB XI) sowie Systemische Berater (DGSF), meistens auch Dozenten, die mehrere dieser Qualifikationen auf sich vereinen.

Auf dem Curriculum des Kurses stehen folgende Inhalte: Fakten zur Vereinbarkeit von Pflege und Beruf; Aufgabe und Rolle als Vereinbarkeitslotse im Betrieb; Beschreibung typischer Situationen, in denen sich Beschäftigte mit Pflegeverantwortung befinden; Belastungen und Entwicklungschancen pflegender Angehöriger; fachliche Inhalte der Pflegeberatung; Überblick über die Betreuungsangebote in Hamburg und im Umland sowie bundesweite telefonische Beratung und zielführende Internetrecherche.

Das Fortbildungsangebot umfasst allerdings noch mehr als das eineinhalbtägige Seminar. Parallel dazu gibt es auch einen Praxisleitfaden für das Unternehmen, zwei Telefonschulungen zur Vertiefung und Fallbesprechung im Abstand von drei Monaten nach dem Seminar sowie individuelle telefonische Unterstützung bei Fragen aus der betrieblichen Praxis bis sechs Monate nach dem Seminar.

Die Kosten sind dabei gestaffelt nach der Unternehmensgröße. So ist für die Teilnahme eines Angestellten eines Unternehmens mit 50 oder mehr Mitarbeitern etwas mehr zu zahlen als für einen Teilnehmer kleinerer Unternehmen (im Jahr 2019 waren dies 610 oder 525 Euro zuzüglich Mehrwertsteuer).

Wie wichtig diese Arbeit ist, zeigt die Befragung der Barmer Krankenkasse, die diese im Januar 2019 im Pflegereport vorstellte: Allein in Hamburg seien mehr als 2000 Angehörige von ihrer Pflegesituation so erschöpft und so am Ende ihrer Kräfte, dass ihnen ein gesundheitlicher Kollaps drohe.[48]

17. VOR ORT TUT SICH WAS: ANKNÜPFUNGSPUNKTE UND WEITERE BEISPIELE ZUM THEMA PFLEGE

Ähnliches wie die Vereinbarkeitslotsen für Pflege und Beruf in Hamburg gibt es auch andernorts. Beim Unternehmen ExTox-Gasmess-Systeme in Unna beispielsweise haben sich zwei Mitarbeiter zu sogenannten Pflegeberatern qualifizieren lassen. Nun stehen sie für Mitarbeiter, die in eine Pflegesituation geraten, zur Verfügung und helfen mit Wissen und Informationen.[49] Die sich über drei Monate berufsbegleitend erstreckende Qualifizierung zum Pflegeberater bietet die Ökumenische Zentrale gGmbH für Altenhilfe in Schwerte an.[50]

Und etliche weitere Ansätze gibt es: Wer sich auf die Suche macht nach Angeboten zum Thema Pflege und Beruf in Deutschland, Österreich und der Schweiz, der findet zwar Puzzlestück um Puzzlestück, allerdings nur wenig Übergreifendes oder Zusammenführendes. Was es dagegen gibt, sind hilfreiche Magazine und Broschüren, die Inspirationen und Informationen bieten. Hier ist die Broschüre *Eltern pflegen* der Initiative »Beruf und Familie – für die Praxis« zu empfehlen oder das regelmäßig erscheinende Magazin *Geht doch*, das von der Initiative »Erfolgsfaktor Familie« herausgegeben wird. In beiden Publikationen werden immer wieder Beispiele aus den Betrieben genannt, so auch die an dieser Stelle dargestellten. Daraus können wir schließen: Es tut sich vieles vor Ort, vermutlich auch in Ihrer unmittelbaren Nachbarschaft. Durch Ihr Netzwerk, Geschäftspartner, Anfragen bei Unternehmensverbänden und Kammern, aber auch Krankenkassen werden Sie sicher Zugang zu etlichen lokalen Initiativen, Beratern und auch Qualifizierungsangeboten für Angestellte finden. Für Letzteres können Ihre Angestellten sonst auch an entfernten Kursen teilnehmen.

An zahlreichen Standorten gibt es zudem lokale Bündnisse für Familien, die oftmals neben dem großen Thema der Kinderbetreuung auch die Fragen nach einer Pflege durch Angehörige im Blick haben oder um lokale Unterstützungsangebote wissen. Sie sind somit hilfreiche Ansprechpartner sowohl für Arbeitnehmer als auch für Arbeitgeber. Eine Auflistung solcher lokalen Bündnisse in Deutschland finden Sie auf der Internetseite www.lokale-buendnisse-fuer-familie.de.

Im sauerländischen Lennestadt (Kreis Olpe) hat das Lokale Bündnis für Familie beispielsweise mit den Diensten HANAH (Vermittlung haushaltsnaher Dienstleistungen) und AGIL (Aktion für Generationen, Integration und Lebensqualität) zwei Angebote geschaffen, die speziell pflegende Angehörige unterstützen sollen.[51] Die Dienste vermitteln Ehrenamtliche, die dann Zeit mit den zu pflegenden Menschen verbringen, sodass die Angehörigen eine kurze Auszeit nehmen oder wichtige Erledigungen tätigen können. Gleichermaßen stehen auch hier Informationsangebote für Angehörige im Mittelpunkt. Auch das ist eine Facette von vielen: Hinweise auf solche lokalen Angebote, am besten gleich mit der Angabe der konkreten Kontaktdaten, können Mitarbeitern in der Pflegesituation, die am Ende ihrer Kräfte sind, eine entscheidende Hilfe sein.

Es gibt schon eine Reihe guter Ideen und Initiativen, sei es in Form von Netzwerken, Beratungsangeboten oder im Bereich des Ehrenamts. Aber auch in den Unternehmen selbst tut sich viel.

Beispielsweise hat das Daimler-Werk in Wörth am Rhein, das vorwiegend LKW produziert, ein besonderes Pausenmodell eingeführt: Mitarbeiter haben die Möglichkeit, unbezahlten Urlaub von bis zu einem Jahr zu nehmen oder einen bis zu drei Jahre andauernden Austritt aus dem Unternehmen mit einer verbrieften Wiedereinstellgarantie.[52] Eltern steht zudem eine vierjährige Familienzeit zur Verfügung, die sogar in Ergänzung zur gesetzlichen Elternzeit genommen werden kann. Ganz ohne Verpflichtungen geht das jedoch nicht: Um den Anschluss an das sich weiterentwickelnde Firmenwissen nicht zu verlieren, sind die auf diese Weise freigestellten Mitarbeiter verpflichtet, an Firmen-Fortbildungen teilzunehmen sowie mindestens 100 Stunden pro Jahr als Urlaubsvertretung für Kollegen zu leisten.

Die Polizei Bremen hat eine wirksame Methode gefunden, um die oft sehr hohe Schamgrenze, die bei der Beratung pflegender Angehöriger eine große Rolle spielt, abzusenken. Sie setzt auf ausscheidende Kollegen, die sich in einer Schulungsmaßnahme zu Beratern fortbilden lassen und den jüngeren Kollegen als Ansprechpartner zur Verfügung stehen. Weil es sich bei den ausscheidenden Kräften meist um Rentner, also erfahrene Kollegen mit einem Hauch von Altersweisheit handelt, haben sie einen mehrfachen Vertrauensvorschuss. Und vor allem sind es ehemalige Kollegen. Das senkt die Hemmschwelle merklich ab. Diese mit dem Pflegestützpunkt Bremen gemeinsam entwickelte Maßnahme trägt dann auch einen wunderbar passenden, im Polizeideutsch formulierten Titel: »Leitfaden für den ersten Angriff«. Die Formulierung mag Außenstehende befremden, aber auch sie wird ihren Teil dazu beitragen, die Hemmschwellen polizeiintern abzumildern.[53]

Die AOK Hessen schließlich hat einen anderen, ebenfalls wichtigen Weg eingeschlagen: Die Krankenkasse hat dort das Thema der Vereinbarkeit von Pflege und Beruf in die Ausbildung ihrer Führungskräfte implementiert. Hier findet nicht nur eine Sensibilisierung für das Thema statt, sondern die Führungskräfte werden auch über die Angebote des Arbeitgebers informiert, damit sie bei Anfragen ihrer Mitarbeiter kompetent Auskunft geben können. Diese Notwendigkeit sieht die AOK Hessen auch deswegen gegeben, weil in Zukunft immer mehr jüngere Führungskräfte erfahrenere Mitarbeiter führen werden, wie die Prognosen hinsichtlich der demografischen Entwicklung nahelegen.[54]

Teil 3
Rechtliche Grundlagen

18. DIE FÜRSORGEPFLICHT DES ARBEITGEBERS IM KONTEXT VON TRAUER UND PFLEGE IN DEUTSCHLAND

In § 618 des Bürgerlichen Gesetzbuchs wird in Deutschland unter der Überschrift »Pflicht zu Schutzmaßnahmen« das beschrieben, was im Juristen- wie auch im Unternehmensdeutsch allgemein »Fürsorgepflicht des Arbeitgebers« genannt wird. Zentral ist, dass »vermeidbare Schäden für Gesundheit und Leben des Arbeitnehmers« abgewehrt werden müssen. Klingt recht einleuchtend, doch lässt es vielerlei Spielraum. Im juristischen Kontext ist meistens von der »erweiterten Fürsorgepflicht« des Arbeitgebers die Rede, deren konkrete Inhalte dann jeweils im Einzelfall diskutiert werden.

Ein Arbeitnehmer sollte also jedenfalls dort eingesetzt werden, wo er nicht gefährdet ist oder andere dadurch gefährden kann, dass er vielleicht unabsichtlich einen Unfall auslöst. Das kann im Trauerkontext recht viel bedeuten. Wie in Teil 1 ausführlich aufgezeigt wurde, können die Reaktionen auf den Tod einer nahestehenden Person recht komplex und vielschichtig sein und häufig heftiger, als man es ahnt, vor allem, wenn man nur selten oder kurz Kontakt mit dem Betroffenen hat. Weil Konzentrations- und Energieverlust im Trauerfall zudem häufig in Schüben auftreten, ist es also allein schon im Sinne der Fürsorgepflicht unerlässlich, als Verantwortlicher regelmäßig in Kontakt mit dem betroffenen Mitarbeiter zu treten. Je nachdem, wo von einem Trauerfall betroffene Mitarbeiter eingesetzt sind, kann eine Gefährdung für sie oder andere vorliegen: Diese Abwägung muss der Vorgesetzte beziehungsweise Personalverantwortliche im Sinne der Fürsorgepflicht vornehmen.

Das Gleiche gilt für Mitarbeiter in einer Pflegesituation. Der Arbeitgeber musss berücksichtigen, dass diese ebenfalls Konzentrationsschwierigkeiten oder durch Müdigkeit hervorgerufene Leistungseinbußen haben können. Auch hier ist es wichtig, dass sich der Vorgesetzte durch regelmäßige Kontakte ein

Bild von der Verfassung des Mitarbeiters macht und abwägt, ob Maßnahmen ergriffen werden müssen, um einer Gefährdung vorzubeugen.

Auch in der *Schweiz* gibt es eine Fürsorgepflicht des Arbeitgebers. Zwar ist diese nirgends im Schweizerischen Obligationenrecht (OR) explizit zu finden. Die juristische Auffassung ist dennoch, dass es eine Fürsorgepflicht als Gegenstück zur Treueverpflichtung des Arbeitnehmers gibt, die in Artikel 321a OR beschrieben ist: Deren Fürsorgeprinzip ist demnach in Umkehr auch auf den Arbeitgeber anzuwenden. Auch der im OR beschriebene Schutz der Persönlichkeit (Artikel 328 OR), der Datenschutz (Artikel 328b OR), die Gleichstellung von Frau und Mann (Gleichstellungsgesetz), der Vermögensschutz sowie das Recht auf die Ausstellung eines Arbeitszeugnisses (Artikel 330a OR) werden der generellen Auffassung zufolge unter den Schirm der Fürsorgepflicht gestellt.

In *Österreich* wird die Fürsorgepflicht des Arbeitgebers in § 3 des Arbeitsschutzgesetzes (ASchG) klar beschrieben: »Arbeitgeber sind verpflichtet, für Sicherheit und Gesundheitsschutz der Arbeitnehmer in Bezug auf alle Aspekte, die die Arbeit betreffen, zu sorgen.«

19. ABWESENHEIT IM TODESFALL: DIE GESETZLICHEN REGELUNGEN

In § 616 des Bürgerlichen Gesetzbuchs in Deutschland ist unter dem Stichwort »vorübergehende Verhinderung« ein Recht des Arbeitnehmers auf Sonderurlaub beim Tod eines nahen beziehungsweise eines unmittelbaren Angehörigen geregelt. Dieser Sonderurlaub ist bezahlt und darf nicht vom Urlaubskonto abgezogen werden, jedoch hat der Gesetzgeber die Anzahl der zu nehmenden Tage mit einer allerdings ziemlich allgemein gehaltenen Formulierung eingeschränkt. Im Gesetz heißt es: »für eine verhältnismäßig nicht erhebliche Zeit« kann der Arbeitnehmer den Sonderurlaub bekommen. Meistens leiten Unternehmen daraus folgende Regelungen ab: Einen Tag Urlaub gibt es für den Sterbetag, einen weiteren für die Beerdigung und möglicherweise noch ein paar Tage für die Organisation.

Die Dauer des bezahlten Sonderurlaubs hängt zudem gewöhnlich von der Enge des Verwandtschaftsverhältnisses ab: Viele Unternehmen gewähren beim Tod eines Elternteils sowie bei Geschwistern und bei Enkelkindern ein bis zwei Tage Sonderurlaub, beim Tod des Ehepartners oder eines Kindes drei oder vier Tage. Im Fall des Todes eines nicht angeheirateten Lebenspartners geben manche Unternehmen leider nur zwei Urlaubstage statt der vier, die bei einem Ehepartner üblich sind. Das ist für den betroffenen Mitarbeiter sehr verletzend, da damit ausgedrückt wird, dass die Verbindung geringer war als eine Ehe.

Wenn ein naher Angehöriger gestorben ist, ist eine so geringe Zahl an Tagen für einen Betroffenen in der Regel nicht ausreichend. Ich möchte Ihnen als Personalverantwortlicher oder Betriebsrat nahelegen, gemeinsam eine Regelung zu finden, die je nach Trauerfall und Mitarbeiter angepasst werden kann. Hier ist Flexibilität gefragt: Zwar kann man beim Tod eines nahen Familienmitglieds oft von einem längeren Ausfall des Mitarbeiters ausgehen, manchmal wünschen sich Betroffene jedoch auch eine sehr schnelle Rückkehr zur Arbeit, weil sie diese als einen »sicheren Hafen« erleben. Den Bedürfnissen des Angestellten und den Interessen des Unternehmens wird diese Lösung am besten gerecht: Der Mitarbeiter kann ausprobieren, ob er wieder arbeiten kann, also nach ein paar Tagen zur Arbeit kommen, aber er kann nötigenfalls auch, natürlich nach Rücksprache mit dem Vorgesetzten, doch wieder zu Hause bleiben. Dies kann dann ja auch mit einer Arbeitsunfähigkeitsbescheinigung abgedeckt werden; entscheidend ist die Möglichkeit der offenen Kommunikation und die Anerkennung der Trauer durch das Unternehmen.

In *Österreich* gibt es keine gesetzliche Regelung, was den Sonderurlaub bei Todesfällen angeht, stattdessen sind in den jeweiligen Kollektivverträgen zwischen den Arbeitnehmer-Interessenvertretungen und den Arbeitgebern individuelle Lösungen festgeschrieben. Demzufolge können die jeweiligen Einzellösungen variieren.

Ähnlich ist es in der *Schweiz*: Zwar gibt es im Gesetz (Artikel 329 Absatz 3 OR) einen Hinweis darauf, dass der Arbeitgeber dem Arbeitnehmer für besondere Anlässe eine Absenz in »der erforderlichen Zeit« zu gewähren habe, jedoch gibt es im Gesetzestext keine Angaben über deren Länge und Dauer. Auch hier ist das meist über den Arbeitsvertrag oder über gesonderte Vereinbarungen geregelt.

20. ARBEITSUNFÄHIGKEIT UND KRANKHEIT NACH EINEM TODESFALL

Hinsichtlich der »Arbeitsunfähigkeit durch Trauer« ist gerade eine Menge in Bewegung. Geplant ist, dass ab Januar 2022 die »Anhaltende Trauerstörung« in die Liste der möglichen psychologischen Befunde des medizinischen Standardwerks ICD 11 mit aufgenommen wird – und dass damit Trauer erstmals Einzug in dieses Regelsystem hält. In diesem von der Weltgesundheitsorganisation WHO herausgegebenen Leitfaden mit dem vollständigen Namen »International Statistical Classification of Disease and Related Health Problems« (ICD) sind für niedergelassene Ärzte und Hausärzte alle Codes und Diagnoseschlüssel für Krankheiten hinterlegt. Ein klassischer »Grippaler Infekt« hat dort beispielsweise den Code J.06.9.

Trauer ist darin bislang nicht aufgeführt, weswegen Ärzte einen Angestellten, der aufgrund der Trauer arbeitsunfähig ist, unter den Sammelbegriff der »Anpassungsstörung« einordnen und ihm eine entsprechende Arbeitsunfähigkeitsbescheinigung ausstellen.

Dabei sollte Trauer, darüber ist man sich unter den professionellen Begleitern in der Hospiz-, Palliativ- und Trauerarbeit einig, nicht als Störung oder Krankheit verstanden und bezeichnet werden. Denn es ist eigentlich eine gesunde Reaktion auf einen früher oder später zu jedem Leben gehörenden Schicksalsschlag. Dass man die Worte Trauer und Störung in einen gemeinsamen Zusammenhang stellt, ärgert demzufolge viele Kräfte im Hospiz-, Palliativ- und Trauerkontext. Die Debatte hält derzeit an und es ist noch nicht entschieden, ob oder wie die Begrifflichkeit geändert wird.

Dem vorliegenden Entwurf für die ICD 11 zufolge liegt eine »anhaltende Trauerstörung« dann vor, wenn ein Mensch länger als sechs Monate unter besonders heftigen durch Trauer verursachten Symptomen leidet. Diese werden beschrieben als ein massives Verlangen nach dem Verstorbenen, eine dauerhafte Beschäftigung mit diesem Thema, starker emotionaler Schmerz, Schuldvorwürfe, Wut und Zorn, die Unfähigkeit, wieder positive Stimmungen zu erleben, und die Schwierigkeiten, wieder ein soziales Leben in der Interaktion mit anderen Menschen aufzunehmen. Die meisten Trauerbegleiter und Hospizfachleute sind der Überzeugung, dass all diese Symptome auch zu einem normalen Trauerprozess dazugehören und dass deswegen der Zeitraum von sechs Monaten viel zu kurz gegriffen sei. Wenigstens ein Jahr lang könnten diese Symptome auftreten, ohne dass es sich dabei um eine besonders schlimme Verfestigung von Trauer handele, lautet ein Kritikpunkt. An dieser Stelle beginnt die derzeit noch laufende Fachdiskussion.

Festzuhalten ist jedenfalls für unseren Umgang mit Trauer: Trauer ist keine Krankheit, aber sie kann krank machen. Und auf jeden Fall kann sie eine Arbeitsunfähigkeit zur Folge haben. Das sollten Sie als Führungskraft, Personaler und Betriebsrat im Hinterkopf behalten.

21. VIELE GESETZE, VIELE MÖGLICHKEITEN: PFLEGE UND IHRE BESONDERHEITEN IN DEUTSCHLAND

Es hat seinen Grund, dass die Ausbildung zum Informationspaten für Pflegende oder zum Vereinbarkeitslotsen für das Thema Pflege und Beruf in Deutschland nicht nur einen Tag dauert: Allein die gesetzlichen Grundlagen kennenzulernen und hinsichtlich der Anwendung in der Praxis zu durchschauen ist eine größere Aufgabe. Denn es gibt eine ganze Reihe an Regelungen und es kommen laufend neue hinzu, wie 2015 das Gesetz zur besseren Vereinbarkeit von Familie, Pflege und Beruf oder das 2019 verabschiedete Brückenteilzeitgesetz.

Bevor ich besonders wichtige Regelungen einmal ihrer Auswirkung nach beschreibe, betone ich, dass die hier zusammengestellte Übersicht weder eine Rechtsberatung ersetzen noch einen Anspruch auf Vollständigkeit erheben kann. Jeder Einzelfall muss vom Unternehmen geprüft werden – immerhin bin ich als Trauerbegleiter und Journalist kein Experte für Arbeitsrecht.

- **Abwesenheit von bis zu zehn Tagen/Kurzzeitige Arbeitsverhinderung:** In § 2 Absatz 1 des deutschen Pflegezeitgesetzes wird Arbeitnehmern das Recht eingeräumt, kurzfristig – bis zu zehn Arbeitstage – ihrer Arbeit fernzubleiben, sofern eine akut auftretende Pflegesituation dies nötig macht. Der Arbeitgeber muss dieser Freistellung auch nicht zustimmen, der Arbeitnehmer darf spontan fernbleiben und diese zehn Tage entweder am Stück nehmen oder sie frei verteilen. Dies gilt bei sogenannter »kurzzeitiger Arbeitsverhinderung« unabhängig von der Größe eines Unternehmens für alle Arbeitnehmer (nicht für Beamte, Soldaten und Richter, bei denen jeweils in den Ländergesetzen hinterlegte Sonderregelungen gelten). Eine Lohnfortzahlung während dieser Tage gibt es jedoch nicht, es sei denn, dies ist in betrieblichen Vereinbarungen so hinterlegt. Ansonsten greift das sogenannte

Pflegeunterstützungsgeld, das bis zu 90 Prozent des Lohns betragen kann und vom Arbeitnehmer bei der Pflegekasse des zu pflegenden Angehörigen beantragt werden sollte. Geregelt ist dies in § 44a des Sozialgesetzbuches, Fassung 11 (SGB XI), Stichwort: »Zusätzliche Leistungen bei Pflegezeit und kurzzeitiger Arbeitsverhinderung«.

- **Pflegezeit von bis zu einem halben Jahr:** Ebenfalls im Pflegezeitgesetz geregelt ist eine längere Betreuungszeit. Dies gilt jedoch nur für Angestellte in Unternehmen ab einer Größenordnung von 15 Beschäftigten. Mitarbeiter haben demzufolge die Möglichkeit, eine bis zu sechs Monate dauernde Pflegezeit in Anspruch zu nehmen, wenn sie sich zu Hause einer Pflegesituation stellen müssen (§ 3 Pflegezeitgesetz). In dieser Phase können sich Angestellte vollständig oder teilweise von der Arbeit freistellen lassen, sofern sie die Pflegebedürftigkeit ihres Angehörigen nachweisen können. Hierfür benötigen sie entweder die Einstufung in eine Pflegestufe, die der Medizinische Dienst der Krankenkassen, kurz MDK, vornimmt, oder eine entsprechende Bescheinigung der Pflegekasse. Sollte es sich bei den zu pflegenden Angehörigen noch um Minderjährige oder Kinder handeln, ist noch nicht einmal die häusliche Pflege in den eigenen Wohnräumen die Mindestvoraussetzung für diese Pflegezeit. Allerdings gibt es eine ganze Reihe weiterer Bestimmungen, was die Kombination mit einer vorherigen Pflegezeit oder die Anzahl der weiterhin im Arbeitsverhältnis zu leistenden Stunden angeht. Es ist also auch in diesem Fall unerlässlich, sich für den persönlichen Einzelfall beraten zu lassen. Für diese Pflegezeit besteht für Angestellte die Möglichkeit, ein zinsloses Darlehen beim Bundesamt für Familie und zivilgesellschaftliche Aufgaben (kurz: BAFzA) zu beantragen.
- **Pflegezeit in der Sterbephase:** Unter dem Stichwort »Sonstige Freistellung« werden im Pflegezeitgesetz in § 3 Absatz 6 besondere Regelungen für die Sterbephase eines zu pflegenden Angehörigen aufgeführt. Demzufolge ist es möglich, eine bis zu drei Monate andauernde vollständige oder teilweise Freistellung in Anspruch zu nehmen. Für diese besondere Form der Freistellung ist es nicht nötig, eine Pflegestufe oder Ähnliches vorzuweisen. Anders als bei den vorherigen Fällen ist es hierbei auch nicht mehr von Belang, ob

der Angehörige noch zu Hause gepflegt wird oder sich in einer palliativmedizinischen Einrichtung oder in einem Hospiz befindet.

- **Familienpflegezeit:** Parallel zum Pflegezeitgesetz gibt es seit dem 1. Januar 2015 noch ein Gesetz zum Thema Familienpflegezeit. Dieses trägt den offiziellen Namen »Gesetz zur besseren Vereinbarkeit von Familie, Pflege und Beruf« und darin ist die Möglichkeit einer bis zu 24 Monate dauernden Pflegezeit daheim enthalten. Die Angestellten können hierfür teilweise freigestellt werden, die verringerte Arbeitszeit muss mindestens 15 Stunden in der Woche betragen. Diesen Anspruch haben die Beschäftigten von Unternehmen mit mehr als 25 Arbeitnehmern. Die Familienpflegezeit muss spätestens acht Wochen vor Beginn angemeldet werden. Wie bei der Pflegezeit von bis zu einem halben Jahr besteht für Angestellte die Möglichkeit, ein zinsloses Darlehen beim Bundesamt für Familie und zivilgesellschaftliche Aufgaben (kurz: BAFzA) zu beantragen.
- **Brückenteilzeitgesetz:** Das seit Januar 2019 geltende neue Brückenteilzeitgesetz ist zwar explizit nicht an die Themen Pflege oder Kinderbetreuung gekoppelt, weil es einen Teilzeitanspruch und vor allem einen Rückkehranspruch auf Vollzeit für alle Arbeitnehmer ermöglichen soll, es wird aber von Arbeitnehmern sicherlich dennoch in diesem Kontext genutzt werden. Wie in Teil 1 beschrieben, sind die Themen Pflege und Tod erstens häufig schambesetzt, zweitens gibt es bei den oben genannten gesetzlichen Lösungen die oftmals als Einschränkung erlebten zeitlichen Fristen: Doch wer kann tatsächlich genau vorhersagen, ob die Pflegesituation daheim in sechs oder 24 Monaten vorbei sein wird? Und was, wenn nicht? Das sind wesentliche und belastende Fragen für Arbeitnehmer. Hier bietet dieses neue Gesetz, offiziell Teilzeit- und Befristungsgesetz (TzBfG) genannt, flexiblere Möglichkeiten. Denn dieses Brückenteilzeitgesetz sieht vor, dass die gewünschte Teilzeit für einen Zeitraum von bis zu fünf Jahren geltend gemacht werden kann. Wobei – und das wiederum ist ein Vorteil für den Arbeitgeber – der einmal vereinbarte Zeitraum und die vereinbarte Teilzeit nicht ohne Weiteres rückgängig gemacht werden können. Höher angesiedelt sind jedoch die Zugangsvoraussetzungen, die den Betrieben mehr Planungssicherheit geben:

So gelten die Regelungen nicht in Betrieben mit weniger als 45 Arbeitnehmern. Und für Unternehmen mit 46 bis 200 Beschäftigten gibt es zusätzliche Zumutbarkeitsgrenzen, so beispielsweise das Recht für die Arbeitgeber, die zeitlich begrenzte Verringerung der Arbeitszeit abzulehnen, wenn je einer von 15 Arbeitnehmern bereits in Brückenteilzeit arbeitet (nicht jedoch, wenn eine anders vereinbarte Form von Teilzeit vorliegt, hier ist also auch wieder ein genaues Hinsehen erforderlich). Außerdem muss der Arbeitnehmer bereits länger als sechs Monate im Unternehmen tätig sein, um einen Anspruch geltend machen zu können.

22. WENIGE GESETZE, VIELE INDIVIDUELLE REGELUNGEN: PFLEGE UND IHRE BESONDERHEITEN IN DER SCHWEIZ

Anders als in Deutschland ist die Pflege von Angehörigen in der Schweiz vorwiegend eine Verhandlungssache beziehungsweise eine Frage der persönlichen Abstimmung zwischen Arbeitnehmer und Arbeitgeber. Zwar gibt es inzwischen Arbeitgeber, die ihren Angestellten eine Karenzzeit ermöglichen und dabei recht weit gehen. So der international tätige Sensorenhersteller Sensirion, der einigen seiner Mitarbeiter eine bezahlte Pflegeurlaubszeit ermöglichte, als sie zu pflegende Angehörige zu betreuen hatten.[55] Eine gesetzliche Regelung oder eine für alle Betriebsparteien geltende sonstige Verpflichtung gibt es indes nicht. Noch nicht, kann man hoffnungsvoll formulieren, denn die größte Schweizer Gewerkschaft Travail.Suisse möchte dies gerne ändern und auch das Gesundheitsamt des Landes ist bereits dabei, den Bedarf abzuklären.[56]

23. NEUE GESETZE, NEUE REGELUNGEN: PFLEGE UND IHRE BESONDERHEITEN IN ÖSTERREICH

Während in der Schweiz noch Klärungsbedarf bei diesem Thema herrscht, ist in Österreich zum 1. Januar 2020 ein neues Gesetz in Kraft getreten, in dem das Recht auf Pflegekarenz oder Pflegeteilzeit geregelt ist, ohne dass der Arbeitgeber dem zustimmen müsste. Zwar gab es in Österreich bereits seit 2014 die Pflegekarenz. Demnach konnte der Angestellte, der seine Angehörigen zu pflegen hat, bis zu drei Monate lang daheim bleiben, sofern der Vorgesetzte dem zugestimmt hatte und der Angehörige in der Pflegestufe 3 eingestuft war (gilt nicht für Kinder und an Demenz Erkrankte). Bei einer zunehmenden Verschlechterung des Zustands des Angehörigen ist eine Verlängerung auf bis zu zwölf Monate möglich.

Neu ist jetzt der Rechtsanspruch, den Angestellte in Österreich nun auf Pflegekarenz/Pflegeteilzeit haben. Beschäftigte können sich demzufolge bis zu vier Wochen freinehmen, um ein krankes Familienmitglied zu pflegen, zudem besteht für sie in dieser Phase ein besonderer Kündigungsschutz. Die Bedingung hierfür ist, dass in dem Unternehmen mehr als fünf Angestellte beschäftigt sind.

Mit der Pflegekarenz ist eine vollkommene Abwesenheit von der Arbeit beschrieben, in der dementsprechend auch kein Gehalt gezahlt wird. Im Gegensatz dazu können bei der Pflegeteilzeit die Angestellten ihre Arbeitszeit pro Woche um bis zu zehn Stunden reduzieren.

Zudem haben die Angestellten während der Karenzzeit oder der Pflegeteilzeit Anspruch auf ein Pflegekarenzgeld in der Höhe des Arbeitslosengelds, auf das sie im Fall der Arbeitslosigkeit Anspruch hätten und das beim Sozialministeriumsservice beantragt werden muss.

Wer mehr als vier Wochen Pflegekarenz benötigt, kann mit seinem Vorgesetzten eine Verlängerung auf einen Zeitraum von bis zu sechs Monaten vereinbaren. Der Arbeitgeber muss eine solche Verlängerung jedoch nicht genehmigen.

24. WAS DER TOD EINES ARBEITNEHMERS FÜR DAS VERTRAGSVERHÄLTNIS BEDEUTET

In der deutschen Rechtsprechung gibt es den Grundsatz des »Höchstpersönlichkeitscharakters«, unter den auch ein Arbeitsvertrag fällt. Das bedeutet vor allem, dass eine zu erbringende Arbeitsleistung nur vom Unterzeichner des Vertrags höchstpersönlich erbracht werden kann. Diese Pflicht kann er weder an andere übertragen noch kann er sie vererben. Das hat zur Folge, dass mit dem Tod auch das vertragliche Arbeitsverhältnis automatisch beendet ist – und zwar sofort und unmittelbar. Jedoch hat diese gesetzliche Regelung keinerlei Auswirkung auf die Frage nach der Entgeltfortzahlung oder der Zahlung eventueller anderer finanzieller Leistungen. Diese sind an anderen Stellen geregelt – im Tarifvertrag, in firmeninternen Vereinbarungen oder in den mit dem Betriebsrat abgeschlossenen Betriebsvereinbarungen, die eine rechtlich bindende Wirkung haben.

Dieses Ende des Arbeitsvertrags ist übrigens ein rein formaljuristischer Akt, der erstens eine gewisse Nüchternheit mit sich bringt und zweitens keiner gesonderten Mitteilung bedarf, sofern es sich nicht anders ergeben sollte. Weil die Angehörigen von Menschen, die gerade gestorben sind, in der Regel aufgewühlt, irritiert, durcheinander und sehr empfindlich sind, ist es meine dringende Empfehlung, sie nicht mit solchen formaljuristischen Dingen zu behelligen. Das wird schlecht ankommen und wahrscheinlich falsch aufgefasst.

25. DIE GRUNDLAGEN DES BETRIEBLICHEN GESUNDHEITSMANAGEMENTS IM KONTEXT VON TRAUER UND PFLEGE

Die Weltgesundheitsorganisation WHO hat Gesundheit als einen Zustand »vollkommenen seelischen und körperlichen Wohlbefindens« definiert. Das kann bedeuten, dass jede Form von seelischer Krise – aufgrund von Trauer, Pflege eines Angehörigen, Scheidung, Sucht … – automatisch als ein sehr ungesundes Geschehen gewertet werden sollte. Ob das für Trauer wirklich zutreffend ist, wird an vielen Stellen derzeit intensiv diskutiert – wie wir in Kapitel 20 hinsichtlich der Begrifflichkeit bei der Listung im ICD 11 schon gesehen haben.

Aber gehören diese Themen auch zum Bereich des Betrieblichen Gesundheitsmanagements (BGM)? Dessen Ziele sind ja vorrangig, die Arbeitsumgebung gesundheitsförderlich zu gestalten und die Mitarbeiter selbst zu einem gesundheitsförderlichen Lebens- und Arbeitsstil anzuhalten. Auf welche gesetzlichen Grundlagen sich das BGM dabei stützt, ist nicht ganz so leicht zu durchschauen, denn die umfassenden Gesetzesgrundlagen bestehen aus Regelungen des Arbeitsschutzgesetzes, des Arbeitssicherheitsgesetzes, der Krankenkassen, der Unfallversicherungsträger und der Arbeitsstättenverordnung – eine üppige Vielfalt an Regeln und Gesetzen also.

Für unseren Kontext sei nur an zwei Details erinnert, die allgemein als die ersten Grundlagen für Betriebliches Gesundheitsmanagement gelten. Zum einen die viel zitierte »Ottawa Charta« von 1986, die als Abschlussdokument des ersten internationalen Kongresses zum Thema Gesundheitsförderung unter anderem eine »Förderung von umfassendem Wohlbefinden« beschreibt. Und zum zweiten die im November 1997 verabschiedete »Luxemburger Deklaration zur betrieblichen Gesundheitsförderung in der Europäischen Union« des »Europäischen Netzwerks für betriebliche Gesundheitsförderung«. Diese beiden Dokumente gelten zwar als maßgebliche Grundlagentexte, dürfen jedoch nicht als gesetzgebend oder verpflichtend verstanden werden.

In Deutschland kommt noch das Sozialgesetzbuch (SGB) hinzu, dessen Normen und Regelungen oftmals für das BGM zu Rate gezogen werden. So heißt es beispielsweise in § 14 des siebten Buchs des SGB: »Die Unfallversicherungsträger haben mit allen geeigneten Mitteln für die Verhütung von Arbeitsunfällen, Berufskrankheiten und arbeitsbedingten Gesundheitsgefahren und für eine wirksame Erste Hilfe zu sorgen.« Dies lässt viel Raum für unterschiedlichste Interpretationen und es kommt in jedem Fall auf die speziellen Umstände an. Dass Arbeitsunfälle auftreten können, weil Angestellte aufgrund einer seelischen Ausnahmesituation unkonzentriert oder übermüdet sind, haben wir an anderen Stellen in diesem Buch bereits erfahren. Daraus eine generelle Regel für Rechte und Pflichten von Unternehmen und Angestellten abzuleiten, ist nicht möglich, da persönliche Krisen stets den individuellen Charakter menschlichen Erlebens haben.

Anhang

Checklisten und Materialien

EIN MITARBEITER IST GESTORBEN: 1. CHECKLISTE TO DOS

To Do	erledigt	delegiert an
Ist die Personalabteilung informiert?		
Sind die Träger der Sozialversicherungen informiert?		
Wurde der Todestag des Mitarbeiters für spätere Zwecke notiert?		
Wurde der Todestag des Mitarbeiters – mit Vorlauf – in die Wiedervorlage sortiert?		
Wurde der Besitz des gestorbenen Mitarbeiters auf Firmenbesitz überprüft? ☐ Schlüssel ☐ Zugangskarte ☐ Laptop ☐ Tablet ☐ Handy ☐ Chipkarten für Kopierer et cetera ☐ Firmenfahrzeug ☐ Autopapiere ☐ Weiteres ______ ☐ Weiteres ______ ☐ Weiteres ______ ☐ Weiteres ______		

Sind die elektronischen Zugangsmöglichkeiten gesperrt worden?		
Wurde für angemessenen persönlichen und umfassenden Informationsfluss im Unternehmen gesorgt (siehe Checkliste: Eine Todesnachricht ist zu überbringen)?		
Wurde geprüft, wie die Lohnfortzahlung im Todesfall geregelt ist?		
Wurden entsprechende Zahlungen oder Einstellungen veranlasst?		
Wurden die Pflichten gegenüber den Angehörigen geprüft (vertraglich fixierte Zahlungen/Ansprüche et cetera)?		
Sind Sozialberater oder externe Hilfskräfte nötig für Weiteres? Sind deren Adressen bekannt?		
Wurden Sozialberater oder externe Hilfskräfte kontaktiert?		
Ist eine angemessene E-Mail-Abwesenheitsnotiz eingerichtet worden?		

Pietätvolles Vorgehen: zeitliche Aspekte

- ☐ Bitte lassen Sie der Abteilung/den Mitarbeitern Raum für Betroffenheit.
- ☐ Vertretungslösungen und Organisation besprechen Sie bitte später.
- ☐ Im Todesfall hat die Arbeitsdringlichkeit zunächst Pause.

Hinweise für die Selbstfürsorge für Führungskräfte, Personaler und den Betriebsrat

- ☐ Nehmen Sie sich die Zeit, sich mit Ihrer eigenen Betroffenheit auseinanderzusetzen.
- ☐ Tragen Sie sich einen Termin dafür ein; es ist notwendig, damit Sie Ihren Mitarbeitern beziehungsweise Kollegen eine gute Unterstützung bieten können.
- ☐ Nicht vergessen: Sie sind als Führungskraft/Personaler/Betriebsrat immer mit betroffen.
- ☐ Erleben Sie sich als sehr betroffen, vielleicht geschockt, rat- und sprachlos, dann nutzen Sie Gesprächs- und Hilfsmöglichkeiten für sich innerhalb und außerhalb des Unternehmens.

EIN MITARBEITER IST GESTORBEN: 2. ABWESENHEITSNOTIZ PER E-MAIL – TEXTBEISPIEL UND MEMOS FÜR DIE VERTRETUNG

Vielen Dank für Ihre Nachricht, unser Mitarbeiter ____________ ____________ ist leider nicht mehr in unserem Unternehmen tätig, bitte wenden Sie sich an ____________ ____________ (Telefonnummer, E-Mail-Adresse et cetera).

Vorher klären/organisieren

- ☐ Kann die benannte Person kompetent alle Anfragen beantworten?
- ☐ Ist die benannte Person bei laufenden Prozessen im Thema?
- ☐ Kann die benannte Person persönliche Anfragen gut behandeln (Stichwort: eigene Betroffenheit)?
- ☐ Bitte dran denken, auch das Diensttelefon des verstorbenen Mitarbeiters umzuleiten.

EINE TODESNACHRICHT IST ZU ÜBERBRINGEN: LEITFADEN

- ☐ Klären Sie, wer die Nachricht an das Team/die Mitarbeiterschaft überbringt: In der Regel ist das die direkte Führungskraft, in größeren Unternehmen unterrichten entsprechend die Führungskräfte ihre Abteilung.
- ☐ Informieren Sie unbedingt und immer persönlich, zum Beispiel durch kurzfristige Abteilungsversammlung; informieren Sie abwesende Mitarbeiter bitte möglichst zeitnah telefonisch.
- ☐ Nehmen Sie sich vorher kurz die Zeit, sich mit Ihrem eigenen Erleben zu befassen: Sind Sie gefasst genug? Horchen Sie in sich hinein.
- ☐ Informieren Sie sich vorher über die psychosozialen und anderen Hilfsmöglichkeiten, die das Unternehmen/die Institution anbietet.
- ☐ Beim Überbringen der Information: Benennen Sie ruhig Ihre eigene Fassungslosigkeit und Ratlosigkeit, sofern Sie so empfinden.
- ☐ Wenn Sie nicht wissen, wie Sie anfangen sollen, versuchen Sie die Formulierung: »Es ist leider meine traurige Pflicht ...«
- ☐ Stellen Sie sicher, dass diese erste Übermittlung der Information mit angemessener Betroffenheit und dennoch nicht allzu aufgeladen daherkommt – bitte keine Sätze einstreuen, die eher in eine Trauerfeier gehören.
- ☐ Wichtig: Geschäftliche Belange gehören nicht in diese Situation – machen Sie klar, dass alle Fragen nach Arbeitsorganisation/Neubesetzung jetzt nicht hierhin gehören und zur angemessenen Zeit besprochen werden.

- ☐ Wenn sich tatsächlich dringliche Fragen stellen, kann es hilfreich sein, eine kurzfristige Vertretungslösung zu organisieren.
- ☐ Erinnern Sie Ihre Mitarbeiter an die verfügbaren Hilfseinrichtungen im Unternehmen, psychosoziale Berater, EAP-Hotlines oder Ähnliches, falls es derartige Angebote gibt
- ☐ Lassen Sie, wenn Ihnen das passend erscheint, eine Schweigeminute einlegen.
- ☐ Geben Sie Ihren Mitarbeitern nach dem Überbringen der Nachricht möglichst viele Freiheiten und geben Sie ihnen Raum für Betroffenheit.
- ☐ Machen Sie deutlich, dass die betrieblichen Abläufe zwar weitergehen müssen, dass es aber in Ordnung ist, wenn sie jetzt einen Augenblick Pause bekommen.
- ☐ Lassen Sie gegebenenfalls für einen bestimmten Zeitraum die Telefone der direkten Kollegen umleiten auf eine Zentrale oder eine andere Person, falls das möglich ist.
- ☐ Bieten Sie die Möglichkeit für persönliche Gespräche an, aber betonen Sie die Freiwilligkeit dieses Angebots.

MITARBEITERGESPRÄCHE IM KONTEXT VON TOD, TRAUER, STERBEN UND PFLEGE: HINWEISE FÜR EINE HILFREICHE GESPRÄCHSHALTUNG

- ☐ Machen Sie sich klar, dass es nicht um Problemlösungen geht, sondern vor allem ums aktive, verstehende und unterstützende Zuhören.
- ☐ Versuchen Sie, Ihren inneren Problemlösungsmotor, der bei Ihnen als Führungskraft möglicherweise stets läuft, abzustellen oder abzumildern.
- ☐ Prüfen Sie, ob Sie sich für das Gespräch wirklich öffnen können. In übervolle Terminkalender gequetschte Zeitfensterchen können ungeeignet sein: Haben Sie zu viel anderes im Kopf?
- ☐ Prüfen Sie sich: Kann ich jetzt, in der aktuellen Situation, eine Haltung des Verstehens anbieten?
- ☐ Berücksichtigen Sie die alte Therapeutenweisheit »Ratschläge sind Schläge«: Versuchen Sie, Fragen zu stellen, statt Ratschläge zu geben.
- ☐ Wenn Sie einen besonders tragischen Fall vorliegen haben, prüfen Sie sich, ob Sie dieses Gespräch selbst wirklich aushalten und hilfreich gestalten können.
- ☐ Ist es sinnvoll, vorab selbst externe Hilfe in Anspruch zu nehmen (psychosoziale Berater innerhalb oder außerhalb des Unternehmens, Trauerbegleiter et cetera)?
- ☐ Versuchen Sie, keine Angst vor Schweigen zu haben, keine Angst vor Tiefe, keine Angst vor Tränen: Dies kann eine gute Haltung für ein solches Gespräch sein.
- ☐ »Das möchte ich verstehen«: Versuchen Sie dies als grundsätzliche Gesprächs- und Fragehaltung zu etablieren.

- ☐ Führen Sie sich vor Augen: Verstanden zu werden kann eine enorme Hilfe für Menschen in schwierigen Situationen sein.
- ☐ Stellen Sie sich darauf ein, dass Fragen auftauchen, die von niemandem beantwortet werden können, beispielsweise Fragen wie »Warum musste das so geschehen?«.
- ☐ Es geht in solchen Gesprächen nicht darum geht, Ziele oder irgendetwas zu erreichen.
- ☐ Versuchen Sie, auch keine Angst vor Ihren eigenen Gefühlen zu haben: Sich selbst betroffen und sprachlos zu zeigen oder zu versuchen, diese eigenen Gefühle auszusprechen, kann – wenn es zu Ihnen passt und wahrhaftig ist – dazu beitragen, dass sich Ihr Gegenüber verstanden fühlt.
- ☐ Weisen Sie Ihre oder Ihren Mitarbeiter freundlich, aber nicht in eine gefühlte Verpflichtung drängend, auf die bestehenden Hilfs- oder Informationsangebote hin, die es im Unternehmen gibt.

CHECKLISTE FÜR DIE INTERNE KOMMUNIKATION IM INTRANET ZUM THEMA TRAUER

Gibt es einen speziell dem Thema Trauer gewidmeten Bereich im Intranet?

Falls ja, prüfen Sie anhand dieser Liste, ob Sie die Möglichkeiten der Information und Unterstützung ausschöpfen. Falls es diesen Bereich noch nicht geben sollte, können Sie die Checkliste für dessen Einrichtung nutzen:

Sind im Intranet hinterlegt:

Checkpunkt	Ja	Nein
Betriebsvereinbarungen		
Firmenspezifische Informationen/Regelungen		
Informationspakete Trauer (Gesetze, allgemeine Informationen et cetera)		
Firmeninterne Mentoren/Ansprechpartner, mit Kontaktdaten		
Liste externer Berater und Ansprechpartner		
Beispielfälle/persönliche Berichte von Mitarbeitern		
Ankündigungen für firmeninterne Veranstaltungen/Vorträge zum Thema mit Terminen und Orten		
Bisherige Vorträge als Filme		
Informationen zu einem Infokoffer mit weiteren Print-Informationen ☐ Angabe zu Ansprechpartner/Aufbewahrungsort		

Firmeninterne Nachrufe ☐ Persönlich angepasst ☐ Mit Foto des Mitarbeiters versehen ☐ Mit Fotos von dem damals eingerichteten Kondolenzbereich für den Verstorbenen		
Dokumentation firmeninterner Trauerfeiern ☐ Fotos ☐ Filme ☐ Kommentare ☐ Mitarbeiterberichte ☐ Trauerreden		

CHECKLISTE FÜR DIE INTERNE KOMMUNIKATION ZUM THEMA PFLEGE

Gibt es einen speziell dem Thema Pflege gewidmeten Bereich im Intranet?

Falls ja, prüfen Sie anhand dieser Liste, ob Sie die Möglichkeiten der Information und Unterstützung ausschöpfen. Falls es diesen Bereich noch nicht geben sollte, können Sie die Checkliste für die Einrichtung eines solchen Bereichs nutzen.

Sind im Intranet hinterlegt:

Checkpunkt	Ja	Nein
Betriebsvereinbarungen		
Firmenspezifische Informationen/Regelungen		
Informationspakete Pflege hinterlegt (Gesetze gebündelt et cetera)		
Firmeninterne Mentoren/Ansprechpartner, mit Kontaktdaten		
Liste externer Berater und Ansprechpartner		
Beispielfälle/persönliche Berichte von Mitarbeitern		
Ankündigungen für firmeninterne Infoveranstaltungen/ Vorträge zum Thema mit Terminen und Orten		
Bisherige Vorträge als Filme		
Informationen zu einem Infokoffer mit weiteren Print-Informationen ☐ Angabe zu Ansprechpartner/Aufbewahrungsort		

PASSEND UND ANGEMESSEN KONDOLIEREN: 1. LEITFADEN FÜR DIE ORGANISATION

☐ Ist ein ehemaliger Mitarbeiter gestorben?
☐ Ist ein aktiver Mitarbeiter gestorben?

Checkpunkt	Information	Ja	Nein
☐ Ist in der Personalabteilung eine zuständige Person benannt, die die weiteren Prozesse koordiniert und im Blick behält?			
Wer kondoliert? ☐ Sie selbst? ☐ Eine andere Person (idealerweise der direkte Vorgesetzte)? → *Wenn eine andere Person kondoliert:* Wurde ihr dieser Leitfaden zur Verfügung gestellt?			
☐ Bei einem gestorbenen ehemaligen Mitarbeiter: Ist die ehemalige Führungskraft noch als solche aktiv? → *Wenn nein,* wer kann statt ihrer im Namen der Firma kondolieren? ☐ Ist dem Verfasser der Kondolenzpost der Gestorbene bekannt? → *Wenn nein,* braucht es eine Recherche in der Abteilung/bei (ehemaligen) Kollegen?			

☐ Wollen Sie per Postkarte kondolieren? ☐ Wollen Sie per Brief kondolieren? ☐ Wollen Sie persönlich mit einem Anruf kondolieren?			
☐ Haben Sie die korrekte Anschrift der Angehörigen und die vollständigen Namen (Vor- und Nachnamen)?			
☐ Können Sie die Kondolenzpost per Handschrift erledigen, ist Ihre Schrift zumutbar? → *Wenn nicht, Alternative 1:* Schreiben Sie wenigstens die Anrede und den Abschlussgruß mit der Hand. → *Wenn nicht, Alternative 2:* Schreiben Sie den Brief trotzdem mit der Hand und legen Sie eine abgetippte »Übersetzungshilfe« bei.			
Vor dem Schreiben klären: ☐ Wer wird im Unternehmen die Hinterlassenschaften aus- und aufräumen? Wann? (Siehe dazu Kapitel 7)			
☐ Wer wird die Kiste mit den Habseligkeiten bei den Angehörigen vorbeibringen? Wann? → Bitte beachten: Planen Sie pietätvolle Zeiträume mit ein, belassen Sie die Habseligkeiten erst mal an ihrem Platz.			
Versand der Kondolenzpost: ☐ Versehen Sie sie mit einer angemessenen Briefmarke (nicht mit einem Portostempel der Poststelle). ☐ Kleben Sie die Briefmarke gerade auf.			

☐ Werfen Sie den Brief in den öffentlichen Post-/Briefkasten (und lassen Sie ihn nicht über firmeninterne Botendienste befördern).			

PASSEND UND ANGEMESSEN KONDOLIEREN: 2. LEITFADEN FÜR DAS KONDOLENZSCHREIBEN

To Do	Erfolgt
Vorbereitung des Schreibens: ☐ Notieren Sie positive Eigenschaften des Mitarbeiters. ☐ Überlegen Sie: Wie wollen wir den Mitarbeiter in Erinnerung behalten? Was hat ihn ausgezeichnet, besonders gemacht?	
Aufbau: ☐ Beachten Sie die korrekte Anrede der Angehörigen. ☐ Wählen Sie zum Einstieg eine Beileidsbekundung (»Mit großer Bestürzung haben wir vom Tod … erfahren« oder Ähnliches). ☐ Schildern Sie persönliche positive Erinnerungen, machen Sie damit den Mitarbeiter sichtbar. ☐ Geben Sie den Angehörigen Zuspruch (zum Beispiel »Wir sind mit Ihnen traurig«, siehe in Kapitel 4). ☐ Machen Sie kurze, transparente Angaben über die im Unternehmen befindlichen persönlichen Habseligkeiten (sie sind Eigentum der Angehörigen). ☐ Geben Sie den ungefähren Zeitraum an, wann wer aus dem Unternehmen Kontakt aufnehmen wird, um den Angehörigen den Besitz des Verstorbenen zu bringen. ☐ Wählen Sie eine angemessene Schlussformel oder einen Gruß (beispielsweise »In herzlicher Anteilnahme«, »Mit tiefem Mitgefühl« oder »In trauriger Verbundenheit«).	

PASSEND UND ANGEMESSEN KONDOLIEREN: 3. DON'TS

To Do	Berücksichtigt
☐ Laden Sie das Kondolenzschreiben nicht zu pathetisch auf und überfrachten Sie es nicht mit Emotion.	
☐ Schreiben Sie nicht zu bürokratisch, technisch oder behördlich.	
☐ Beschreiben Sie *keinen* Stationsablauf oder Lebenslauf.	
☐ Verwenden Sie nicht das Wort »stets« (ist Arbeitszeugnisdeutsch).	
☐ Personalrechtliche und finanzielle Aspekte gehören nicht ins Kondolenzschreiben.	

TRAUERANZEIGE DES UNTERNEHMENS: LEITFADEN

☐ Handelt es sich um einen ausgeschiedenen Mitarbeiter oder einen bis zum Todeszeitpunkt bei Ihnen beschäftigten?

☐ Klären Sie, wer firmenintern die Koordination des Prozesses steuern und begleiten soll. Die Führungskraft, die Personalabteilung?

☐ Klären Sie, wer die Todesanzeige verfassen soll: Die Führungskraft ist manchmal optimal geeignet dafür, manchmal weniger.

☐ Klären Sie, für welche Art von Traueranzeige die Texte gelten werden:

- ☐ Aushang in der Firma?
- ☐ Intranet?
- ☐ Anzeige in einer Tageszeitung?

Im Falle eines ausgeschiedenen Mitarbeiters

☐ Kontaktieren Sie die ehemaligen Führungskräfte oder die ehemalige Führungskraft.

☐ Klären Sie, ob am selben Erscheinungstag eine weitere Anzeige für noch einen verstorbenen ehemaligen Mitarbeiter erscheint.
→ *Falls ja:* Stellen Sie sicher, dass beide Anzeigen individuell genug formuliert werden.

☐ Sorgen Sie dafür, dass die Firmenanzeige für den verstorbenen Mitarbeiter nicht vor der Anzeige der Angehörigen erscheint, höchstens zeitgleich oder danach.

- ☐ Klären Sie, ob Sie vielleicht den Kollegen des gestorbenen Mitarbeiters anbieten möchten, eine Team- oder Abteilungsanzeige zu schalten.
- ☐ Klären Sie, ob Sie diese statt der offiziellen Unternehmensanzeige schalten wollen.
- ☐ Behalten Sie die Zielgruppe der Anzeige im Blick: Sie richtet sich in erster Linie an Angehörige und Freunde des Gestorbenen sowie befreundete Kollegen, erst dann an die breite Öffentlichkeit.
- ☐ Stellen Sie fest, wer am längsten mit dem verstorbenen Mitarbeiter zu tun hatte. Vor allem in sich sehr schnell wandelnden Unternehmen kann das wichtig sein.
- ☐ Sammeln Sie wertschätzende persönliche Informationen über den gestorbenen Mitarbeiter, sprechen Sie mit Kollegen und Vorgesetzten.
- ☐ Kontaktieren Sie auch den Betriebsrat für weitere persönliche Informationen und die Mitarbeit an der Anzeige.
- ☐ Behalten Sie beim Texten der Anzeige im Hinterkopf, dass es sich dabei nicht um ein Arbeitszeugnis handelt, sondern ein Dokument persönlicher Wertschätzung.
- ☐ Nennen Sie die jüngste Tätigkeit und sagen Sie danach etwas Persönliches über den Mitarbeiter, etwa: »Wir werden ihn in Erinnerung behalten als …«
- ☐ Verwenden Sie *nicht* das Wort »stets« (es ist Arbeitszeugnisdeutsch).
- ☐ Stellen Sie sicher, dass zeitgleich *keine* Stellenausschreibung erscheint.
- ☐ Stellen Sie sicher, dass Ihr Unternehmensauftritt zurückhaltend genug in der Anzeige ist (keine knalligen Farben, die Schrift nicht größer als der Name des Verstorbenen und so weiter).
- ☐ Sorgen Sie dafür, dass auch das Firmenlogo kleiner und dezenter ausfällt als der Name des verstorbenen Mitarbeiters.

SINNVOLLE INTERVENTION FÜR DAS TEAM NACH DEM TOD EINES KOLLEGEN ODER BEIM AUSFALL WEGEN EINER PFLEGESITUATION: 3 SCHRITTE

Erster Schritt: Die Situation einschätzen

Wie betroffen oder belastet ist das Team emotional durch den aktuellen Vorfall?

1	2	3	4	5	6	7	8	9	10
Wenig belastet									Hoch belastet

Notizen: ____

Hat es in der Vergangenheit Konflikte, Mehrarbeit, Überlastungen, Mobbing oder Ähnliches gegeben?

Bitte ankreuzen: ☐ Ja ☐ Nein

Notizen: ____

Todesfälle sowie Ausfälle von Kollegen können Konfliktkatalysatoren sein (siehe Kapitel 6). Wie hoch ist die Konfliktgefahr im Team derzeit?

1	2	3	4	5	6	7	8	9	10
gering									sehr hoch

Notizen: ____

Braucht das Team zuerst eine Informationsveranstaltung (Informationen über Trauer, über Pflegesituationen oder Ähnliches)?

Bitte ankreuzen: ☐ Ja ☐ Nein

Wollen Sie dem Team eine externe oder interne Beratung zukommen lassen?

Bitte ankreuzen: ☐ Ja ☐ Nein

☐ Workshop
☐ Supervision
☐ Mediation
☐ Anderes: ______________________________

Zweiter Schritt: Die Intervention planen

Wollen Sie als Führungskraft/Personaler/Betriebsrat selbst mit dabei sein?

Bitte ankreuzen: ☐ Ja ☐ Nein

Fachkräfte für gute Interventionen sondieren: Gibt es interne Fachkräfte? Externe Trauerbegleiter? Mediatoren? Supervision?

Mögliche Ansprechpartner:

____

____

____

Sind mehrere Interventionen verschiedener Art nötig? (Beispiel Mitarbeiter in einer Pflegesituation: Erst eine allgemeine Informationsveranstaltung, später ein Workshop für konkrete Lösungen im Team.) Was braucht das Team jetzt?
Intervention(en): ______________________________

Stichpunkte für die detaillierte Auftragsbesprechung und später die konkrete Auftragserteilung mit der betreffenden Interventionsfachkraft/Workshop-Leitung: Was wollen Sie, was wollen Sie nicht?

Notizen: ____

____

____

Hinweis: Wenn Sie sich entschieden haben, nicht an der Intervention teilzunehmen, denken Sie daran, mit externen Fachkräften absolute Vertraulichkeit zu vereinbaren. Das bedeutet: Auch Sie als Führungskraft werden nur auf allgemeiner Ebene, aber über keinerlei Details informiert.

Dritter Schritt: Das Team beziehungsweise die Mitarbeiter weiter begleiten

Bleiben Sie am Thema, es ist nicht abgeschlossen: Lassen Sie sich vom Team beziehungsweise den Mitarbeitern berichten, wie es direkt nach der Intervention für sie ist. Wiederholen Sie Ihre Nachfrage nach einer, zwei, vier Wochen et cetera – nötigenfalls weit öfter. Das Thema ist erst abgeschlossen, wenn es von allen so wahrgenommen wird.

Bleiben Sie wachsam für Ihre eigenen Befindlichkeiten und Ihre eigene Betroffenheit, achten Sie auf eine gute Selbstsorge. Nehmen auch Sie bei Bedarf Hilfe in Anspruch.

EINSCHÄTZUNGSBOGEN: MÖGLICHE AUFTRETENDE GEFÜHLE UND PROBLEME EINES MITARBEITERS IN EINER TRAUERSITUATION

Meiner Einschätzung nach vorhanden:

Konzentrations- und Aufmerksamkeitsstörungen

1	2	3	4	5	6	7	8	9	10

Nicht vorhanden — Stark vorhanden

Große innere Irritation und Unruhe

1	2	3	4	5	6	7	8	9	10

Nicht vorhanden — Stark vorhanden

Starke Gefühlsschwankungen: Angst, Wut, Gram, Sehnsucht

1	2	3	4	5	6	7	8	9	10

Nicht vorhanden — Stark vorhanden

Große innere Sehnsucht nach der oder dem verstorbenen Menschen

1	2	3	4	5	6	7	8	9	10

Nicht vorhanden — Stark vorhanden

Ohnmacht und Hilflosigkeit

1 2 3 4 5 6 7 8 9 10
Nicht vorhanden Stark vorhanden

Starre, Lethargie, Abwesenheit von Gefühlen oder Nicht-zulassen-Können

1 2 3 4 5 6 7 8 9 10
Nicht vorhanden Stark vorhanden

Hohes Bedürfnis, immer die gleichen Geschichten zu erzählen

1 2 3 4 5 6 7 8 9 10
Nicht vorhanden Stark vorhanden

Der Verlust ist das alles beherrschende Thema

1 2 3 4 5 6 7 8 9 10
Nicht vorhanden Stark vorhanden

Hohe Sensibilität und Empfänglichkeit/Empfindlichkeit

1 2 3 4 5 6 7 8 9 10
Nicht vorhanden Stark vorhanden

Wünsche des Nach-sterben-Wollens

1 2 3 4 5 6 7 8 9 10
Nicht vorhanden Stark vorhanden

Großes Einsamsein/Verlassensein, Umfeld kehrt sich ab

1 2 3 4 5 6 7 8 9 10
Nicht vorhanden Stark vorhanden

Das Gefühl, »nicht mehr ganz richtig zu sein« oder »nicht vollständig«

1	2	3	4	5	6	7	8	9	10

Nicht vorhanden Stark vorhanden

Das Arbeitsumfeld wird als entlastend erlebt, weil alltäglich/unbelastet

1	2	3	4	5	6	7	8	9	10

Nicht vorhanden Stark vorhanden

Das Arbeitsumfeld wird als belastend erlebt, weil der Trauerfall dort keinen Raum findet

1	2	3	4	5	6	7	8	9	10

Nicht vorhanden Stark vorhanden

Hohe Überforderung und permanente Anspannung

1	2	3	4	5	6	7	8	9	10

Nicht vorhanden Stark vorhanden

Bitte beachten Sie:

- ☐ Trauerverläufe sind höchst individuell; es gibt keine »normalen« Prozesse oder immer gleich verlaufende Phasen.
- ☐ Nicht-Betroffene unterschätzen leicht, wie lange und wie nachhaltig sich Trauer auswirken kann, manchmal das ganze Leben lang.
- ☐ Für manche Trauernde teilt sich das Leben nach dem Verlust in eine Art zweigeteiltes System, das durch ein »Davor« und das »Danach« gekennzeichnet ist.

EINSCHÄTZUNGSBOGEN: MÖGLICHE AUFTRETENDE GEFÜHLE UND PROBLEME IHRER MITARBEITER IN EINER PFLEGESITUATION

Meiner Einschätzung nach vorhanden:

Kolossale Überforderung und permanente Anspannung

1 2 3 4 5 6 7 8 9 10

Nicht vorhanden Stark vorhanden

Schlafentzug, innere Unruhe, ständige Grundspannung

1 2 3 4 5 6 7 8 9 10

Nicht vorhanden Stark vorhanden

Hoher Organisationsdruck, Leben als Organisations-Puzzlespiel

1 2 3 4 5 6 7 8 9 10

Nicht vorhanden Stark vorhanden

Phasen der Entspannung werden rar oder fallen weg

1 2 3 4 5 6 7 8 9 10

Nicht vorhanden Stark vorhanden

Nervliche, gesundheitliche und finanzielle Ressourcen werden knapp

1 2 3 4 5 6 7 8 9 10

Nicht vorhanden Stark vorhanden

Urlaubstage werden für Organisationsbelange genutzt

1	2	3	4	5	6	7	8	9	10

Nicht vorhanden — Stark vorhanden

Angst um den Arbeitsplatz und damit die existenzielle Sicherheit

1	2	3	4	5	6	7	8	9	10

Nicht vorhanden — Stark vorhanden

Überfordert von der Vielzahl an Gesetzen und Fördermöglichkeiten

1	2	3	4	5	6	7	8	9	10

Nicht vorhanden — Stark vorhanden

Ruminierendes Denken/ununterbrochene Grübelschleifen

1	2	3	4	5	6	7	8	9	10

Nicht vorhanden — Stark vorhanden

Konzentrationsschwächen und andere Aufmerksamkeitsstörungen

1	2	3	4	5	6	7	8	9	10

Nicht vorhanden — Stark vorhanden

Schon Alltagstätigkeiten können überfordern

1	2	3	4	5	6	7	8	9	10

Nicht vorhanden — Stark vorhanden

Ohnmacht und ein Gefühl des Ausgeliefertseins an die Situation

1	2	3	4	5	6	7	8	9	10

Nicht vorhanden — Stark vorhanden

Fragiles Nervenkostüm durch hohe Grundanspannung

1 2 3 4 5 6 7 8 9 10

Nicht vorhanden Stark vorhanden

Aggressives Potenzial, Wut und Zorn

1 2 3 4 5 6 7 8 9 10

Nicht vorhanden Stark vorhanden

Gefühle von Scham und Schuld

1 2 3 4 5 6 7 8 9 10

Nicht vorhanden Stark vorhanden

Hin- und Herpendeln zwischen Erschöpftsein und Pflichterfüllung

1 2 3 4 5 6 7 8 9 10

Nicht vorhanden Stark vorhanden

NOTFALLMAPPEN FÜR UNTERNEHMEN ANLEGEN: VORSCHLÄGE

Notfallmappen sollten immer speziell für Ihr Unternehmen erstellt werden: Je individueller sie sind, desto hilfreicher sind sie im tatsächlichen Notfall.

Vorbereitung: Für welche Art von Fällen könnten Sie Notfallmappen brauchen?

- ☐ Tod eines Mitarbeiters
- ☐ Unfall im Firmenkontext
- ☐ Tod eines Angehörigen eines Mitarbeiters
- ☐ Plötzlich eintretender Pflegefall bei einem Angehörigen eines Mitarbeiters
- ☐ Andere persönliche Krise eines Mitarbeiters
- ☐ Größeres Krisenereignis im Unternehmenskontext
- ☐ Tod des Firmeninhabers/-gründers
- ☐ Andere Ereignisse: ____________________

Aufbau der Notfallmappen: mögliche Kategorien

Welche Abteilungen könnten von dem jeweiligen Ereignis betroffen sein?

- ☐ Abteilungen mit notwendigen Aktivitäten aufführen

Welche Mitarbeiter könnten von dem jeweiligen Ereignis betroffen sein?

- ☐ Einzelne und Teams aufführen, möglicherweise auch notwendige Aktivitäten

Welche weiteren – auch externe – Personengruppen könnten von dem jeweiligen Ereignis betroffen sein?

- ☐ Aufführen mit möglicherweise notwendigen Aktivitäten (zum Beispiel Kunden, Geschäftspartner → informieren, Vertretungsperson mitteilen)

Firmeninterne Regelungen organisatorischer Art:

- ☐ Freistellungen
- ☐ Sonderurlaub
- ☐ Lösungsbeispiele für flexible Arbeitszeitmodelle
- ☐ Bereits im Unternehmen erlebte Fälle
- ☐ ______________________________
- ☐ ______________________________
- ☐ ______________________________

Firmeninterne Zuständigkeiten im Krisenfall:

- ☐ Ansprechpartner
- ☐ Themenpaten
- ☐ Externe Unterstützer
- ☐ ______________________________
- ☐ ______________________________
- ☐ ______________________________

Krisenhaftes Großereignis:

- ☐ Kontaktdaten von Rettungskräften
- ☐ Kontaktdaten von Notfallseelsorgern
- ☐ Übersicht, wie die Informationskette zu organisieren ist: Personen und Kontaktdaten
- ☐ ______________________________
- ☐ ______________________________
- ☐ ______________________________

Tod des Firmeninhabers/-gründers:

- ☐ Wer ist zu informieren?
- ☐ Wer hält den Kontakt mit den Angehörigen?

- ☐ Gibt es Regelungen für diesen Krisenfall? Nachfolge, einen Krisenstab et cetera?
- ☐ ____________________
- ☐ ____________________
- ☐ ____________________

Tod eines Mitarbeiters:

- ☐ Regeln für Mitarbeiter: Dürfen diese zu Trauerfeiern gehen? Wird dies zur Arbeitszeit gezählt? ja/nein
- ☐ Wer hält den Kontakt mit den Angehörigen?
- ☐ Wo sind To-do-Listen und Materialien für den Todesfall hinterlegt? → einzeln aufführen
- ☐ Wo sind Beispiele für Intranet-Einträge hinterlegt?
- ☐ Wo sind allgemeine Informationen über Trauer hinterlegt?
- ☐ Wo finden Mitarbeiter bei Bedarf Informationen über interne und externe Ansprechpartner sowie deren Kontaktdaten?
- ☐ ____________________
- ☐ ____________________
- ☐ ____________________

Mitarbeiter in Pflegesituation:

- ☐ Interne Ansprechpartner, Themenpartner
- ☐ Wo sind Informationen für den Fall hinterlegt:
  - Gesetzliche Regelungen
  - Firmeninterne Regelungen
  - Allgemeine Informationen
  - Kontaktdaten externer Hilfsangebote, Beratungsstellen

ANMERKUNGEN

1 »Die stille Revolution« von Christian Gründling, Deutschland, 2017, 92 Minuten, angesehen via I-Tunes-Movies im Mai 2019.
2 »Anzahl der Pflegebedürftigen steigt vor allem bei Hochbetagten«; Online-Demografieportal des Bundes und der Länder, https://www.demografie-portal.de/SharedDocs/Informieren/DE/ZahlenFakten/Pflegebeduerftige_Anzahl.html, aufgerufen am 1.7.2019
3 Statement der Wir!-Stiftung, https://www.wir-stiftung.org/forum/sites/default/files/media/190511_Final_WIR%21Stiftung_Presserekl%C3%A4rungzumTagderPflege.pdf, aufgerufen am 4. 7. 2019
4 Pressemappe/Unterlagen der Barmer, »Deutschlands größter Pflegedienst ist erschöpft«, Hamburg, 17.1.2019, Vorstellung des Barmer-Pflegereports 2018 mit Frank Liedtke, Landesgeschäftsführer der Barmer Hamburg, liegt dem Autor vor
5 Sterbefälle und Lebenserwartung, 2018, vorläufige Ergebnisse, Website des Statistischen Bundesamts, https://www.destatis.de/DE/Themen/Gesellschaft-Umwelt/Bevoelkerung/Sterbefaelle-Lebenserwartung/vorlaeufige-ergebnisse.html, aufgerufen a, 5.7.2019
6 Anzahl der Arbeitsunfälle mit Todesfolge in Deutschland in den Jahren 1986 bis 2018, Statista.com, https://de.statista.com/statistik/daten/studie/276002/umfrage/gemeldete-toedliche-arbeitsunfaelle-in-deutschland-seit-1986/, aufgerufen am 5.7.2019
7 »Anzahl der Pflegebedürftigen steigt vor allem bei Hochbetagten«; Online-Demografieportal des Bundes und der Länder, https://www.demografie-portal.de/SharedDocs/Informieren/DE/ZahlenFakten/Pflegebeduerftige_Anzahl.html, aufgerufen am 1.7.2019

8 Glösel, Kathrin, »Die wichtigsten Zahlen zu Pflege in Österreich«, in: Kontrast.at., https://kontrast.at/pflege-oesterreich-statistik/, 10.12.2018, aufgerufen am 11.9.2019

9 Ferber, Michael, »Die Pflege im Alter ist in der Schweiz teuer – vor allem, wenn man in einem Heim lebt«, in: Neue Zürcher Zeitung, 20.3.2019, https://www.nzz.ch/finanzen/fonds/pflege-wie-kann-man-gegen-hohe-kosten-vorsorgen-ld.1468538, aufgerufen am 11.9.2019

10 »Das Risiko der späten Vaterschaft«, Spiegel Online vom 27. 2. 2014, https://www.spiegel.de/gesundheit/diagnose/alter-des-vaters-ist-ein-risikofaktor-fuer-psychische-stoerungen-a-955817.html, aufgerufen am 5.7.2019

11 Fröhlich, Sonja, »Alle 53 Minuten ein Suizid«, Hamburger Abendblatt vom 7.9.2017, https://www.abendblatt.de/nachrichten/article211843431/Alle-53-Minuten-ein-Suizid.html, aufgerufen am 6.7.2019

12 »Sheryl Sandberg spricht über den Tod ihres Mannes«, in: Stern.de vom 15.5.2016, https://www.stern.de/wirtschaft/news/sheryl-sandberg-spricht-ueber-lehren-aus-tod-ihres-mannes-david-goldberg-6852530.html, aufgerufen am 10.7.2019

13 Didion, Joan, Das Jahr magischen Denkens, List-Verlag 2008, 7. Auflage 2017, Seite 209

14 Willecke, Iris, Postkarte »Trauer-Bullshit-Bingo«, Verlag Danacards.de/Karuna Deutschland e. V. 2019, Nr. 490.

15 Otto, Jeanette, »Mit dem Frust alleine«; Interview mit Monika Rieger, aus: Die Zeit, Ausgabe Nr. 40/2019, Ressort Wissen, Seite 38

16 Barmer, Pressemitteilung zum Pflegereport 2018 der Barmer, https://www.barmer.de/presse/infothek/studien-und-reports/pflegereport/pflegereport2018-170354, aufgerufen am 11.7.2019

17 Luttmer, Nina und Baumen, Daniel, »Vom Meeting ans Krankenbett«, Frankfurter Rundschau vom 5.2.2014, online über https://www.fr.de/wirtschaft/meeting-krankenbett-11229729.html, aufgerufen am 11.7.2019

18 Rilke, Rainer Maria, An Franz Xaver Kappus, Worpswede bei Bremen, am 16. Juli 1903, aus: Briefe an einen jungen Dichter -Insel-Bücherei Nr. 406, Insel-Verlag, Leipzig 1929, 55. Auflage 2018, Seite 21

19 Auth, Diana; Brüker, Daniela; Dierkes, Mirjam; Leiber, Simone; Leitner, Siegrid und Vukoman, Marina, Hans-Böckler-Stiftung, »Wenn Mitarbeiter Angehörige

pflegen: Betriebliche Wege zum Erfolg«, Düsseldorf, April 2015, Projektnummer: 2012-611-4

20 Wurzer, Martina, »Der kleine Schatten eines Meilensteins – Österreichs Familienhospizkarenz«, in: Leidfaden, Fachmagazin für Krisen, Trauer und Leid, Ausgabe 3/2019, Seite 65

21 Keine Autorenangabe, zitiert von Finanzen.net, »Facebook bietet allen Angestellten sechs Wochen bezahlte Auszeit für kranke Familienmitglieder«, in: Business Insider vom 10.2.2017, URL: https://www.businessinsider.de/facebook-bietet-angestellten-sechs-wochen-bezahlte-auszeit-fuer-kranke-familienmitglieder-2017-2, aufgerufen am 9.8.2019

22 Wergin, Clemens, »Sheryl Sandbergs bewegender Abschied von ihrem Mann«, in: Die Welt vom 4.6.2015, URL: https://www.welt.de/vermischtes/article141920894/Sheryl-Sandbergs-bewegender-Abschied-von-ihrem-Mann.html, aufgerufen am 8.8.2019

23 Sandberg, Sheryl, »Today Is The End Of Sheloshim …«, Facebook-Beitrag vom 3.6.2015, URL: https://www.facebook.com/photo.php?fbid=10155617891025177&set=a.404308695176.365039.717545176&type=1&permPage=1, aufgerufen am 9.8.2019

24 Keine Autorenangabe, zitiert von Finanzen.net, »Facebook bietet allen Angestellten sechs Wochen bezahlte Auszeit für kranke Familienmitglieder«, in: Business Insider vom 10.2.2017, URL: https://www.businessinsider.de/facebook-bietet-angestellten-sechs-wochen-bezahlte-auszeit-fuer-kranke-familienmitglieder-2017-2, aufgerufen am 9.8.2019

25 Hebenstreit, Roman, »Tabuthema, Trauer am Arbeitsplatz«, in: Leidfaden, Fachmagazin für Krisen, Trauer und Leid, Ausgabe 3/2019, Seite 64

26 Steier, Robert, »Tod und Trauer organisatorisch fassen – Erläuterungen zu einer Muster-Betriebsvereinbarung«, in: Leidfaden, Fachmagazin für Krisen, Trauer und Leid, Ausgabe 3/2019, Seite 59

27 Notfall-Handbuch für Unternehmen der Handelskammer Hamburg, online abrufbar über https://www.hk24.de/blob/hhihk24/produktmarken/beratung-service/unternehmensfuehrung/krisenmanagement/1153004/4b09ec3da6563b9742ac0dc772fbd3e7/Notfall-Handbuch-data.pdf, aufgerufen am 11.9.2019

28 Notfall-Handbuch für Unternehmen des Starterzentrums RLP der IHK-Arbeitsgemeinschaft Rheinland-Pfalz, online abrufbar über https://www.starterzentrum-rlp.de/upload/dokumente/10584.pdf, aufgerufen am 11.9.2019

29 Youtube-Video »Celebrating Steve Event«, Nutzer: Hongrich, https://www.youtube.com/watch?v=nPUsuY8JZJI, aufgerufen am 16.8.2019

30 »Ein Ort der Einkehr und Besinnung«, Website des Reichstag, 26.3.2013, URL: https://www.bundestag.de/dokumente/textarchiv/2013/42161667_kw13_andachtsraum-210320, aufgerufen am 29.8.2019

31 »Raum der Stille«, Website des Landtags Bayern, URL: https://www.bayern.landtag.de/maximilianeum/saeleraeume/raum-der-stille/, aufgerufen am 29.8.2019

32 »Neues Zimmer im Landesparlament: ›Raum der Stille‹ im Landtag eröffnet«, Autor (Kürzel): red/swa, aus: Stuttgarter Nachrichten vom 16. 7. 2019, URL: https://www.stuttgarter-nachrichten.de/inhalt.neues-zimmer-im-landesparlament-raum-der-stille-im-landtag-eroeffnet.0fdc92ad-5fee-4ea5-b77e-ff449d4eca96.html, aufgerufen am 29.8.2019

33 Müller, Bertram, »Raum der Stille – gestaltet von Gotthard Graubner«, Website des Landtags NRW, URL: https://www.landtag.nrw.de/portal/WWW/GB_II/II.1/OeA/Haus_des_Landtags/Stille.jsp, aufgerufen am 29.8.2019

34 Drei Häuser, ein Parlament, Abschnitt: »Funktionsgebäude und Plenarsaal«, Website des Thüringer Landtags, URL: https://www.thueringer-landtag.de/landtag/geschichte/landtagsgebaeude/, aufgerufen am 29.8.2019

35 »Rundgang«, Website des sächsischen Landtags, URL: https://www.landtag.sachsen.de/de/landtag/landtagsgebaeude/rundgang.cshtml, aufgerufen am 29.8.2019

36 »›Raum der Stille‹ wird in Erfurter Polizeidirektion eingerichtet«, keine Autorenangabe, Thüringer Allgemeine Online vom 26.4.2012, URL: https://www.thueringer-allgemeine.de/leben/land-und-leute/raum-der-stille-wird-in-erfurter-polizeidirektion-eingerichtet-id218612687.html, aufgerufen am 29.8.2019

37 »›Raum der Stille‹ bei der Polizei«, von der Agentur KNA, keine Autorenangabe, gesehen bei Nordwestzeitung Online vom 14. 5. 2005, URL: https://www.nwzonline.de/panorama/raum-der-stille-bei-der-polizei_a_6,1,3985646990.html, aufgerufen am 29.8.2019

38 Hasenjürgen, Anja, »Raum der Stille für Krefelder Polizisten«, in: Neue Rhein/Neue Ruhr-Zeitung Online vom 2. 7. 2010, URL: https://www.nrz.de/region/niederrhein/raum-der-stille-fuer-krefelder-polizisten-id3363423.html, aufgerufen am 29.8.2019

39 »Die Kraft der Stille – Raum der Stille im ThyssenKrupp Quartier, Essen«, Autor: Ardex GmbH, in: DBZ – Deutsche Bauzeitung, Ausgabe 7/2011 und online,

URL: https://www.dbz.de/artikel/dbz_Die_Kraft_der_Stille_Raum_der_Stille_im_ThyssenKrupp_Quartier_Essen_1222912.html, aufgerufen am 29.8.2019

40 »Einkehr im Arbeitsalltag«, keine Autorenangabe, Südwestpresse online vom 1.8.2013, URL: https://www.swp.de/suedwesten/staedte/hechingen/einkehr-im-arbeitsalltag-20090213.html, aufgerufen am 29.8.2019

41 Rohde, Sven, »Warum Weltkonzern SAP Manager und Mitarbeiter das Meditieren lehrt«, aus: Stern Online vom 26. 8. 2017, URL: https://www.stern.de/wirtschaft/job/stressreduktion--sap-organisiert-angestellten-meditation-im-buero-7590186.html, aufgerufen am 29.8.2019

42 Zu nennen ist hier vor allem das Buch, Schuld. Macht. Sinn. von Chris Paul, Gütersloher Verlagshaus, 2010, mittlerweile in Neuauflage erhältlich

43 Groll, Nina, »Der letzte Abschied vom Kollegen«, in: Zeit Online, 2.2.2012, https://www.zeit.de/karriere/beruf/2012-01/tod-mitarbeiter-unternehmen, aufgerufen am 24.7.2019

44 Wehrle, Martin, »Unternehmen Irrsin – der letzte Firmengruß«, in: Spiegel Online vom 4.10.2012, URL: https://www.spiegel.de/karriere/die-firma-als-irrenhaus-martin-wehrle-analysiert-firmen-nachrufe-a-859144.html, aufgerufen am 31.7.2019

45 Fuchs, M.; Koch, B.; Mohn, Th.; Westenburger, M.; »Ein Gewinn für alle Beteiligten – das Projekt »Trauer und ihre Begleitung am Arbeitsplatz stellt sich vor«, in: Leidfaden, Fachmagazin für Krisen, Leid, Trauer, Ausgabe 3/2012, Seite 68

46 Hamburger Gesundheitshilfe/Beratungsstelle Charon, Telefon 040 22630300

47 Hebenstreit, Roman, »Tabuthema, Trauer am Arbeitsplatz‘«, in: Leidfaden, Fachmagazin für Krisen, Trauer und Leid, Ausgabe 3/2019, Seite 63

48 Pressemitteilung der Barmer, »Deutschlands größter Pflegedienst ist erschöpft«, URL: https://www.barmer.de/presse/bundeslaender-aktuell/hamburg/archiv-pressemitteilungen/archiv-2019/pflege-pflegedienst-angehoerige-176480, aufgerufen am 11.9.2019

49 Bundesministerium für Familie, Senioren, Frauen und Jugend, »Pflegebedürftige Angehörige: Viele Fragen, gute Antworten«, in: Geht doch – so gelingt die Vereinbarkeit von Familie und Beruf, Ausgabe 7, Seite 22, Publikationsverband der Bundesregierung, März 2017

50 Website des Netzwerks Pflegebegleitung, über: https://pflegebegleiter.de/archives/standort/oekumenische-zentrale, aufgerufen am 11.9.2019

51 Praxisbeispiel aus »Geht doch – so gelingt die Vereinbarkeit von Familie und Beruf«, Ausgabe 9, Seite 27, Publikationsverband der Bundesregierung, Juni 2018

52 Praxisbeispiel aus »Eltern pflegen, Broschüre der Initiative »beruf und familie – für die praxis«, Frankfurt am Main, Ausgabe 2015, Seite 30

53 Praxisbeispiel aus »Eltern pflegen, Broschüre der Initiative »beruf und familie – für die praxis«, Frankfurt am Main, Ausgabe 2015, Seite 36

54 Praxisbeispiel aus »Eltern pflegen, Broschüre der Initiative »beruf und familie – für die praxis«, Frankfurt am Main, Ausgabe 2015, Seite 26

55 Schanz, Petra, »Die Schweiz hinkt hinterher«, in: Alzheimerpflegepunkt.com, URL https://alzheimer.ch/de/gesellschaft/schweiz/magazin-detail/346/die-schweiz-hinkt-hinterher/, aufgerufen am 22.9.2019

56 Schanz, Petra, »Die Schweiz hinkt hinterher«, in: Alzheimerpflegepunkt.com, URL https://alzheimer.ch/de/gesellschaft/schweiz/magazin-detail/346/die-schweiz-hinkt-hinterher/, aufgerufen am 22.9.2019

REGISTER

B

C

D

E

F

G

H

I

J

K

L

M

N

V

W

Z